Outsourcing kompakt

Werke der „kompakt-Reihe“ zu wichtigen Konzepten und Technologien der IT-Branche:

- ermöglichen einen raschen Einstieg,
- bieten einen fundierten Überblick,
- sind praxisorientiert, aktuell und immer ihren Preis wert.

Bisher erschienen:

- Heide Balzert
  UML 2 kompakt, 2. Auflage
- Christian Bunse / Antje von Knethen
  Vorgehensmodelle kompakt
- Holger Dörnemann / René Meyer
  Anforderungsmanagement kompakt
- Christof Ebert
  Outsourcing kompakt
- Karl Eilebrecht / Gernot Starke
  Patterns kompakt
- Andreas Engel / Arne Koschel / Roland Tritsch
  J2EE kompakt
- Andreas Essigkrug / Thomas Mey
  Rational Unified Process kompakt
- Peter Hruschka / Chris Rupp / Gernot Starke
  Agility kompakt
- Michael Kuschke / Ludger Wölfel
  Web Services kompakt
- Torsten Langner
  C# kompakt
- Pascal Mangold
  IT-Projektmanagement kompakt, 2. Auflage
- Thilo Rottach / Sascha Groß
  XML kompakt: die wichtigsten Standards
- DIE SOPHISTen
  Systemanalyse kompakt
- Ernst Tiemeyer
  IT-Controlling kompakt
- Ernst Tiemeyer
  IT-Servicemanagement kompakt
- Ralf Westphal
  .NET kompakt
- Christof Ebert
  Risikomanagement kompakt
  in Vorbereitung

Christof Ebert

Outsourcing kompakt

Entscheidungskriterien und Praxistipps
für Outsourcing und Offshoring
von Software-Entwicklung

ELSEVIER
SPEKTRUM
AKADEMISCHER
VERLAG

Spektrum
AKADEMISCHER VERLAG

Zuschriften und Kritik an:
Elsevier GmbH, Spektrum Akademischer Verlag, Dr. Andreas Rüdinger, Slevogtstr. 3-5, 69126 Heidelberg

Autor:
Christof Ebert
E-Mail: christofebert@ieee.org

Bibliografische Information Der Deutschen Bibliothek
Die Deutsche Bibliothek verzeichnet diese Publikation in der Deutschen Nationalbibliografie; detaillierte bibliografische Daten sind im Internet über http://dnb.ddb.de abrufbar.

06 07 08 09 5 4 3 2 1 0

Planung und Lektorat: Dr. Andreas Rüdinger / Bianca Alton
Satz: Mitterweger & Partner, Plankstadt
Herstellung: Katrin Frohberg
Druck und Bindung: Krips b.v., NL-Meppel
Umschlaggestaltung: SpieszDesign, Neu-Ulm

Printed in The Netherlands
ISBN 3-8274-1645-0
ISBN 978-3-8274-1645-2

Aktuelle Informationen finden Sie im Internet unter www.elsevier.de

Vorwort

Outsourcing is one of the greatest organizational and industry structure shifts of the century.
– James Brian Quinn, Dartmouth College

Outsourcing und Offshoring senken die Kosten für IT oder Software-Entwicklung – heißt es! Und so ist es kein Wunder, dass bereits über die Hälfte aller Großunternehmen in Osteuropa, Indien oder China Software entwickeln, testen oder warten lässt. Dabei wird häufig übersehen, dass Outsourcing vor allem ins Ausland eine lange Lernkurve hat und anfangs beträchtliche Investitionen verlangt. Praktisch kein Unternehmen kommt auf die theoretisch möglichen Sparpotenziale; viele bezahlen jahrelang Lehrgeld; einige Unternehmen reduzieren schon wieder ihre Offshoring-Initiativen!

Outsourcing kompakt fasst die Möglichkeiten und Grenzen, Chancen und Risiken, Vorteile und Nachteile von verteilten und ausgelagerten Softwareprojekten zusammen. Profitieren Sie von den Erfahrungen, die in globalen Entwicklungsprojekten bis heute schon gesammelt wurden. Nur dann werden Sie in der Lage sein, Standortvorteile – weltweit – optimal für Ihr Unternehmen zu nutzen und Flops zu vermeiden.

Outsourcing kompakt führt in die aktuellen Techniken und Trends des Outsourcing und Offshoring von IT-Projekten und -Aktivitäten (inkl. Produktentwicklung) ein. Das Buch stellt konkret nutzbare Vorgehensweisen in Abhängigkeit von Ihren Randbedingungen vor. Praxiserprobte Verfahren werden vorgestellt und in einen gemeinsamen Kontext gebracht, der es ermöglicht, das Gelernte erfolgreich und zielorientiert umzusetzen. So können Sie dafür sorgen, dass die komplexen Anforderungen von Offshoring oder Outsourcing von allen Projektbeteiligten verstanden und umgesetzt werden – sowohl auf der Nutzer- als auch Lieferantenseite.

Das Buch hilft Ihnen dabei:

- einen Outsourcing-Prozess auf Ihre Bedürfnisse anzupassen
- den Einsatz global verteilter Entwicklungsstandorte situativ bewerten und optimieren
- die Komplexität von Projekten mit Outsourcing- bzw. Offshoring-Anteilen beherrschen zu können
- Lieferanten und Standorte auszuwählen
- konkrete Lösungen für Ihre aktuelle Situation produktiv einzusetzen.

Mit diesem Buch liegt erstmals im deutschsprachigen Raum eine praxisnahe und leicht umsetzbare Sammlung von konkreten Vorgehensweisen und Erfahrungen im Outsourcing und Offshoring von Softwareprojekten vor.

Danken möchte ich meinen Kollegen in Alcatel sowie den vielen Teilnehmern an meinen Seminaren zu diesem Thema, die Offshoring aktiv durchführen und mit denen gemeinsam ich sehr viel lernen konnte. Die genannten Praktiken wurden bereits erfolgreich genutzt und können daher direkt umgesetzt werden. Danken möchte ich auch unseren Lieferanten, mit denen wir gemeinsam einige der speziellen Techniken des Outsourcing einführen konnten. Ihre Arbeit und kontinuierlichen Verbesserungen zeigen, dass Outsourcing ein sehr lebendiger Prozess ist, bei dem man lernen kann und muss. Das Buch basiert auf Zahlenangaben, die in 2005 gesammelt und aktualisiert wurden. Nur ausnahmsweise wurde ältere Daten verwandt. Danken möchte ich dafür den einschlägigen Quellen, vor allem BITKOM und Deutsche Bank Research.

Schließlich geht mein Dank an den Spektrum-Verlag und Dr. Andreas Rüdinger sowie Bianca Alton, die mich dazu stimuliert haben, dieses Buch zu schreiben und es gut zu schreiben.

Outsourcing ist eine der tragenden Managementtechniken im 21. Jahrhundert. Nur der optimale Einsatz als Methode und Werkzeug versichert, dass man den internationalen Wettbewerb um immer kürzere Zykluszeiten und besser Produktivität und Innovationskraft gewinnen kann. Ich stehe Ihnen, verehrte Leser, daher gerne nach der Lektüre des Buchs für weitere Fragen zur Verfügung.

Nun wünsche ich Ihnen und Ihren Projekten und Produkten anhaltenden Erfolg mit diesem Buch und mit einem pragmatisch eingesetzten Outsourcing!

Paris
im August 2005
Christof Ebert

Inhalt

Herausforderung Software-Outsourcing

Warum Outsourcing?

„Across the Great Wall we can reach every corner in the world" war der Text der ersten E-Mail, die aus China jemals gesandt wurde. Dies war am 20. Sep. 1987, und interessanterweise ging diese erste chinesische E-Mail nach Deutschland, an die Universität Karlsruhe. Dieser bescheidene Satz, der es in seiner Tragweite leicht mit demjenigen von Neil Armstrong anlässlich des ersten Schritts eines Menschen auf dem Mond aufnehmen kann, drückt das gesamte Spannungsfeld des Outsourcing speziell von IT-Dienstleistungen und Softwareentwicklung aus. Einerseits machen gerade die Softwareentwicklung und die Verteilung von Daten an Grenzen (hier eher bildhaft gesehen die chinesische Mauer) keinen Halt. Sie kennen weder Landesgrenzen, noch physikalische Limits und lassen sich über die ganze Erde verbreiten. Andererseits zeigt die kurze Zeitdauer von dieser Internet-Steinzeit bis heute an, wie dynamisch und praktisch nicht vorhersehbar die Entwicklung der Informationstechnik wirklich ist.

IT- und Software-Outsourcing ist ein schnellwachsendes, globales Geschäft und trägt maßgeblich zur Flexibilität und Innovationskraft im IT-Sektor bei. Neben der Konsolidierung im IT-Geschäft (d.h. Zusammenschluss von Unternehmen, Wachstum im Kerngeschäft anstatt Fragmentierung) und der Industrialisierung der IT (d.h. mehr Standardisierung der Abläufe, Automatisierung) ist die Globalisierung der dritte wichtige Baustein erfolgreicher IT im 21. Jahrhundert.

„Outsourcing" selbst ist ein Kunstwort, das sich aus den englischen Begriffen „outside", „resource" und „using" zusammensetzt (also „outside resource using"). Outsourcing ist ein Beschaffungskonzept, das externe Bezugsquellen heranzieht und sie direkt in die Geschäftsprozesse einbindet. Ausgewählte Prozesse werden von einem externen Dienstleister erbracht, wobei im Unterschied zum Einkauf von Software auch ein Verantwortungsübergang auf den Dienstleister stattfindet. Der bevorzugte Partner von heute kann verhältnismäßig einfach gegen einen neuen Partner in einem anderen Land ausgetauscht werden. Wichtig ist, dass man die Spielregeln des Outsourcing kennt und die eigenen Prozesse gut beherrscht. Das ist der Zweck dieses Buchs.

IT-Outsourcing ist untrennbar mit dem Namen Ross Perot verbunden. Er entwickelte das Geschäft und baute den amerikanischen IT-Konzern EDS seit 1962 mit dem erklärten Ziel auf, IT-Dienstleistungen auszulagern. Der Werbeslogan von damals ist auch heute noch Programm des IT-Outsourcing: „You are familiar with designing, manufacturing and selling furniture, but we're familiar with managing information technology. We can sell you the information technology you need, and you pay us monthly for the service with a minimum commitment of two to ten years." Bereits damals spielte es keine Rolle, um welche Art von IT-Outsourcing es ging, ob Anwendungsprogrammierung, Systemanalyse oder sogar die Entwicklung eingebetteter Software in das „furniture" des Auftraggebers. Der Outsourcing-Lieferant übernimmt die Dienstleistung und liefert gegen Bezahlung. Daher wollen auch wir hier nicht ständig und oft künstlich trennen, was jetzt IT- und was Software-Outsourcing sind – und ob es Unterschiede gibt. Sicherlich gibt es Unterschiede im Produkt und in den Geschäftsprozessen – was gemeinsam bleibt ist der Bedarf, Outsourcing effektiv und produktiv zu handhaben. Das wollen wir hier beschreiben.

Outsourcing in Niedriglohnländer (das so genannte Offshore-Outsourcing) kam etwas später und wurde ursprünglich aus einem Mangel an qualifizierten Informatikern heraus eingeführt. Weltweit relevant wurde Offshore-Outsourcing mit der Umstellung von unzähligen IT-Anwendungen und eingebetteten Systemen für das so genannte „Jahr-2000-Problem". Man stellte fest, dass die Fähigkeiten, solche teilweise uralten Systeme zu warten, im eigenen Unternehmen nicht mehr vorhanden waren. Also begann die weltweite Suche nach Fachkräften, die willens waren, sich auf Wartungsarbeiten einzulassen, dies akkurat und verlässlich zu machen, sowie schnellstmöglich und flexibel zur Verfügung zu stehen – Anforderungen also, die vor allem indische Softwareunternehmen zum damaligen Zeitpunkt in großem Maßstab befriedigen konnten. Und damit begann der stetige Aufschwung dieses Geschäfts, wie die folgende Abbildung zeigt. Noch heute ist Indien das wichtigste Land weltweit, wenn es um Software-Outsourcing geht.

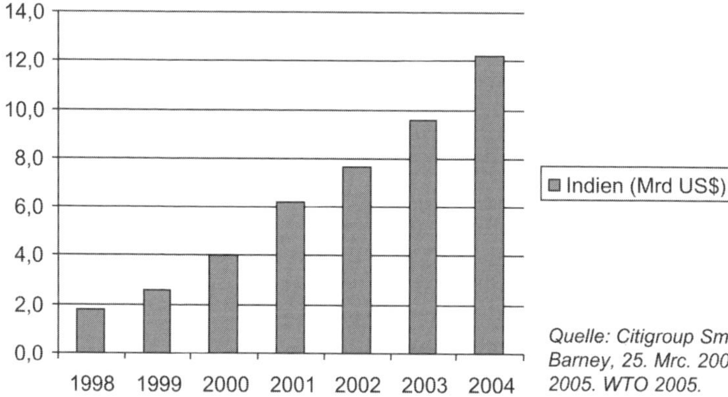

Quelle: Citigroup Smith Barney, 25. Mrc. 2004. TIP 2005. WTO 2005.

Nach einer Studie von DB Research betrug das Marktvolumen von IT-Outsourcing in 2003 in Deutschland 10 Mrd. EUR und wird mit ungefähr 10 Prozent pro Jahr weiter anwachsen. Europaweit geht man sogar von einem Wachstum von 17 Prozent aus. Das IT-Offshoring ist davon nur ein kleiner Teil, denn die meisten Outsourcing-Aktivitäten werden in Deutschland nach wie vor durch große Anbieter wie T-Systems, SBS oder IBM im Inland übernommen. Allerdings wächst dieser Offshoring-Anteil in Deutschland überproportional an.

Heute geht es beim Software-Outsourcing primär um Kostenreduzierung und Flexibilität. Kostenreduzierung ist fast immer der Auslöser für Software-Outsourcing, aber die Bedeutung geht zurück. Die IT-Verantwortlichen wollen zunehmend Spezialistenwissen flexibel und auf Abruf einsetzen können. Der Bedarf an Flexibilität wächst ständig. Unternehmen hoffen auf Qualitätsverbesserungen, indem sie in Asien Software entwickeln oder pflegen lassen. Das hat seinen Grund in der sehr viel besseren Prozessfähigkeit und Disziplin asiatischer Entwickler. Weit über die Hälfte aller Unternehmen, die weltweit den Reifegrad 4 oder 5 im fünfstufigen *Capability Maturity Modell* des Software Engineering Institutes erreicht haben, befinden sich in Asien. Wer verlässlich gute Softwarequalität erreichen will, muss einen solch hohen Reifegrad haben, was wiederum fast alle asiatischen Softwarehersteller (auch jene, die dies nicht primär als Outsourcing-Lieferanten tun) zum Marketing einsetzen. Schließlich geht es auch um den zunehmenden Bedarf, variable Kosten und den Kapitaleinsatz besser kontrollieren zu können. Man lässt Software dann entwickeln, wenn man die entsprechende Leistung braucht und muss keine Arbeitsplätze oder Personal kontinuierlich vorhalten.

Kostenreduzierung heißt, arbeitsintensive Dienstleistungen in Ländern mit minimal möglichen Lohnkosten zu machen. Offensichtlich muss man dabei die Gesamtkosten betrachten, denn der Tagessatz eines indischen Softwareentwicklers ist nur ein Teil der Gesamtkosten für die ausgelagerte Softwareentwicklung oder -pflege. Der größte Antrieb in Deutschland heute für Offshore-Outsourcing sind die niedrigen Lohnkosten, vor allem in Indien. Die Argumentation ist einfach. Die Lohnkosten liegen in Indien auf dem Niveau von 20-35 Prozent verglichen mit Europa. In den meisten Kostenrechnungen für IT- und Softwareprojekte tragen die direkten Lohnkosten zu zwei Dritteln und mehr zu den Kosten des Produkts bei. Also sollte die Ersparnis für die Auslagerung der Softwareentwicklung oder -pflege um die 50 Prozent betragen. Dieses Potenzial wird in der Realität des Offshore-Outsourcing zwar kaum erreicht, denn es kommen neue Kosten durch die Auslagerung hinzu. Aber man kann bei guten Outsourcing-Prozessen und der Auslagerung ganzer Geschäftsprozesse immer noch eine Ersparnis von 30-40 Prozent erreichen. Mit zunehmender Fragmentierung der ausgelagerten Tätigkeiten und schlechteren eigenen Prozessen reduziert sich diese Marge beträchtlich und beträgt beispielsweise für reine Softwareentwicklung ungefähr 20 Prozent.

Flexibilität bedeutet, dass ein hiesiges Unternehmen Software entwickeln lassen will, ohne zu wissen, wann exakt es welche Mitarbeiter braucht. Diese Anforderung ist in westliche Ländern des 21. Jahrhunderts oft nicht ausreichend zu befriedigen, denn es fehlen sowohl die Nachwuchskräfte als auch die Tarifverträge, die ein solch atmendes Unternehmen zulassen.

Einige Gründe für IT- und Software-Outsourcing werden eher ungern genannt, spielen aber für viele Unternehmen eine nicht zu unterschätzende Rolle und sollten bei der Bewertung als Opportunitätsfaktoren nicht vernachlässigt werden. Dazu gehören:

- **Kostentransparenz**: Häufig sind die exakten Prozess- und Transaktionskosten innerhalb des eigenen Unternehmens unbekannt. Erst mit der Auslagerung erkennt man, wie hoch die tatsächlichen Kosten sind. Häufig sind die Unternehmen dann überrascht, wenn sie das erste Angebot des Lieferanten bewerten. Beispielsweise erfassen nach wie vor die wenigsten Unternehmen die effektiven Kosten der Softwareentwicklung nach Aktivitäten. Man kennt globale Kosten aus den Projektberichten und weiß, wie teuer die Software-

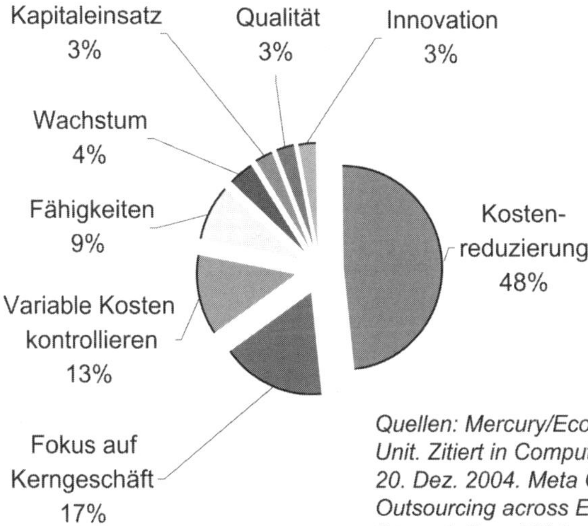

Quellen: Mercury/Economist Intelligence Unit. Zitiert in Computer Zeitung Nr.52, 20. Dez. 2004. Meta Group: The State of IT Outsourcing across Europe 2004 and Beyond. Dez. 2004.

entwicklung insgesamt ist. Da aber unklar ist, wie sich die Kosten aufteilen, kennt man keine Sparpotenziale. Der Outsourcing-Lieferant dagegen hat diese Kostentransparenz und hat die eigenen Prozesse auch bereits hinsichtlich der Kosten so stark optimiert, dass er in praktisch allen Fällen noch Vorteile erreichen kann.

- **Risikomanagement**: In dem Moment, wo ein anderes Unternehmen eine Aufgabe übernimmt, lässt sich das Risiko dafür teilweise oder ganz auf diesen Lieferanten verschieben. Ähnlich wie eine Versicherung das Risiko im Haftpflichtfall trägt, übernimmt der Outsourcing-Lieferant gewisse Risiken, die beispielsweise mit verzögerter Lieferung oder unzureichender Qualität zusammenhängen. Das heißt natürlich nicht, dass das gesamte Geschäftsrisiko übertragen werden kann, aber immerhin können kritische Arbeiten auf diese Weise besser und zielsicherer durchgeführt werden. Im Minimalfall wird der Auftraggeber durch das Outsourcing dazu gezwungen, sich Gedanken zum Risikomanagement zu machen und es über SLAs und Zielvorgaben zu steuern.
- **Tarifpolitische Effekte**: Kostenreduzierung und Flexibilität werden in der Regel als Hauptgründe für das Outsourcing genannt. Was aber steht dahinter? Es sind die Effekte des Arbeitsmarkts im Herkunftsland des Auftraggebers. In der öffentlichen Diskussion

werden diese Effekte aus Unternehmenssicht kaschiert, denn sie reduzieren die Akzeptanz und häufig die Kundenbindung. Wenn allerdings der flexible Pool von Softwareentwicklern in Indien arbeitet, ist offensichtlich, dass dahinter auch die vergleichsweise starren Einstellungsbedingungen und Tarifverträge zuhause stehen. Wir wollen das Thema Outsourcing in diesem Buch sachlich und nicht politisch diskutieren – aber sicherlich regt es zum Nachdenken an.

Was wird eigentlich ausgelagert? Wir sprechen im Buch zumeist von IT-Geschäftsprozessen und Softwareentwicklung, meinen aber eine ganze Vielfalt von Dienstleistungen rund um ein Produkt, die allesamt eine Beziehung zur Software haben. Das folgende Bild zeigt den Zusammenhang zwischen dem relativen Anteil von Mitarbeitern (oder Arbeitskosten), die ausgelagert werden können (horizontal) und der derzeitigen Durchdringung von Unternehmen (vertikal). Ganz offensichtlich gibt es einen Anteil im rechten unteren Quadranten, der ein sehr großes Potenzial bietet, aber in Deutschland noch kaum genutzt wird. Es geht um solche Geschäftsprozesse, bei denen nicht nur eine arbeitsintensive Aktivität opportunistisch hin zu den geografisch geringsten Lohnkosten verschoben wird, sondern um die Auslagerung von Verantwortung für ein Ergebnis.

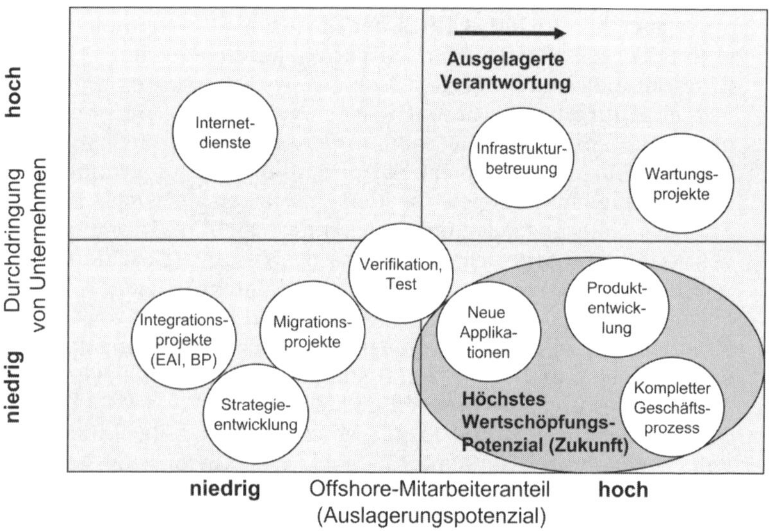

Deutschland ist heute europaweit führend mit Outsourcing-Aktivitäten im Softwarebereich. Kein anderes Land in Europa lagert bereits heute Softwareentwicklung so stark aus. Derzeit werden noch 70-80 Prozent der weltweiten Offshoring-Aufträge in den USA generiert, aber diese Zahl verringert sich mit der zunehmenden Attraktivität von Offshoring in Europa. Nach den USA ist Deutschland momentan weltweit auf dem zweiten Platz, was den Anteil von ausgelagerten Softwaredienstleistungen anbelangt. 60 Prozent der deutschen Unternehmen schätzen nach Angaben von DB Research die globale Beschaffung. Praktisch alle befragten Unternehmen in Deutschland gehen davon aus, dass der Wert von Offshoring-Dienstleistungen in den nächsten Jahren noch deutlich steigen wird. Dies hängt natürlich mit der starken Stellung der Informationstechnik innerhalb der deutschen Wirtschaft zusammen, aber auch wie bereits erwähnt mit fehlenden Informatikern und unzureichenden Möglichkeiten, Unternehmen flexibel auf sich schnell ändernde Marktanforderungen reagieren zu lassen. Nach Studien von BITKOM und DB Research ist das IT- und Software-Outsourcing bereits heute für Unternehmen ganz unterschiedlicher Größe relevant. Die Softwareentwicklung im – vorwiegend östlichen – Ausland wird nicht nur von Großunternehmen durchgeführt, sondern zu zwei Dritteln von Unternehmen mit 250 und weniger Mitarbeitern.

Indien ist heute das mit Abstand größte Offshore-Outsourcing Land. 90 Prozent der amerikanischen Unternehmen und 45 Prozent der europäischen Unternehmen favorisieren nach einer Studie von A.T.Kearney Indien als Offshoring-Lieferant. Die Bedeutung von China und Osteuropa (Russland, Polen) wachsen ständig, so dass diese drei Pole (d.h. Indien, China, Osteuropa) in einigen Jahren wohl gleichbedeutend sind, und damit auch Risiken, die von einem zu starken Fokus auf ein bestimmtes Land geographisch, sozial oder politisch ausgehen, reduziert werden können. Wir gehen auf die Bedeutung einzelner Länder in einem späteren Kapitel noch intensiver ein.

Was wird wirklich erreicht?

Nicht alle hochgesteckten Erwartungen an das Outsourcing oder Offshoring von Software werden erreicht. Häufig bleiben Unternehmen auf halber Strecke zum Erfolg stecken, weil sie ihre Hausaufgaben *vor* dem Start des Outsourcing nicht gemacht hatten.

Große Kostenreduzierungen werden nur für das Outsourcing eines Geschäftsprozesses mit wenig Fremdsteuerung berichtet. Dazu gehören Einrichtung und Betrieb eines Helpdesks zur Beantwortung von Fragen an den technischen Kundendienst (und anderen ähnliche Internetdienstleistungen), die Betreuung von Infrastruktur (auch solche beim Kunden), die Wartung von Software, die Erstellung, Verpakkung, Übersetzung und Verteilung technischer Dokumentationen sowie die Entwicklung einer Komponente, Plattform oder eines Produkts durch externe Lieferanten. In allen Fällen ist das Erfolgsrezept, dass ein **kompletter Prozess** ausgelagert wird, der das Unternehmen gleichzeitig befähigt, sich auf die höheren Ebenen der jeweiligen Wertschöpfungspyramide zu konzentrieren. Die Hälfte aller deutschen Unternehmen, die bereits Erfahrungen mit Offshoring haben, lagern die Anwendungsentwicklung aus. Auf dem zweiten Platz folgen Wartungsprojekte. Die klassischen IT-Aufgaben, wie User-Helpdesk, Datenerfassung, Hosting oder Betrieb eines Rechenzentrums werden bisher kaum ausgelagert und sollen nach einer Studie von BITKOM und DB Research auch zukünftig eine eher untergeordnete Rolle spielen.

Werden nur Teile des Geschäftsprozesses ausgelagert, sind die Kostenpotenziale sehr viel geringer. **Für verteilte Software-Projekte werden 10-20 Prozent Kostenreduzierung berichtet, die nach einer zweijährigen Lernkurve erreicht werden**. In diesen Bereich fallen beispielsweise Teilprozesse mit hohem Zeitaufwand, wie Kodierung, Verifikation oder Validierung von Software. Allerdings bringen diese Teilprozesse mehr Schnittstellenaufwand in der Implementierung, da sehr viel mehr Arbeitsergebnisse zwischen Auftraggeber und Lieferant hin- und herwandern müssen. Wird beispielsweise die Verifikation von Code ausgelagert, dann muss nicht nur das Design und der Code transferiert (und erklärt) werden, sondern auch Spezifikationen, Testfälle und Testergebnisse. Je mehr ein Prozess fragmentiert wird, um Teile davon auszulagern, desto geringer werden die **Nutzeffekte** des Outsourcing.

In der Einführung kostet Outsourcing 20 Prozent der Produktivität. Die Produktivitätseinbußen kommen von Reibungsverlusten an neuen Schnittstellen, Prozessdefiziten im Projektmanagement und Änderungsmanagement, die erst nachgearbeitet und verbessert werden müssen, sowie von Lernkurven auf beiden Seiten. Dies ist eine Dunkelziffer, da Unternehmen selten exakte Zahlen präsentieren bis sie dann erfolgreich sind – oder das Abenteuer verärgert aber stillschweigend abbrechen. Über 20 Prozent der Unternehmen brechen den Vertrag mit einem Outsourcing-Partner im ersten Jahr ab. Sie sollten also zumindest Ihren Vertrag so gestalten, dass er einen verfrühten Ausstieg erlaubt. Auf die Risiken und ihr Management werden wir noch detaillierter eingehen.

Eine Studie der Meta Group (Outsourcing of Application Development and Maintenance. Interviews mit 150 europäischen IT-Führungskräften) in 2004 zeigte, dass 80 Prozent aller Unternehmen, die Software-Entwicklung oder Wartung auslagern, damit **Probleme** haben. Gründe dafür sind (Meta Group, BITKOM, DB Research):

- Häufige Änderungen der Anforderungen
- Fehlende Strategie (beispielsweise wissen 28 Prozent der befragten Unternehmen nicht, wie viel sie durch Outsourcing einsparen wollen und können)
- Abfluss von Know-how
- Unzureichende Prozesse und Managementtechniken
- Schlechtes Lieferantenmanagement.
- Bürokratische Hemmnisse
- Verlust von Wettbewerbsfähigkeiten
- Negative Imagewirkung (ein Faktor, der mit der schnell größer werdenden Akzeptanz von Outsourcing nachlässt).

Die Konsequenzen für die Projekte sind natürlich die gleichen wie bei allen Managementproblemen, nämlich dass Zeitpläne und Budgets nicht eingehalten werden können.

Betrachten wir die **Herausforderungen des Outsourcing** genauer, um damit in späteren Kapiteln des Buchs arbeiten zu können und Lösungen diskutieren zu können. Wir finden einige Elemente, die allen Projekten gemeinsam sind:

- Unzureichende Kommunikation (z.B. räumliche Distanz, Zeitzonen und kulturellen Barrieren)
- Fehlende interne Abstimmung (schlechtes Änderungsmanagement, keine Zustimmung, inkonsistente Strategie und Umsetzung)
- Unvollständige Integration von Prozessen, Werkzeugen, Mitarbeitern
- Schlechtes Projektmanagement (vor allem Planung und Monitoring)
- Weniger Agilität und Flexibilität bei internen Änderungen
- Schlechte Lieferantenauswahl
- Unzureichendes Vertragsmanagement

- Mangelndes Verständnis der ausländischen Rechtskultur (z.B. Persönlichkeitsrechte, Urheberschutz, Eigentumsrechte)
- Hohe Mitarbeiterfluktuation vor allem bei indischen Anbietern.

Unzureichende eigene Entwicklungsprozesse zu externalisieren bringt Zusatzkosten – auf beiden Seiten. Diese Zusatzkosten machen ungefähr 20-40 Prozent der regulären Entwicklungskosten aus.

Die jährlichen Studien zur Erfolgsquote von IT- und Software-Outsourcing, die beispielsweise von Beratungshäusern wie Clearview, M. Corbett, oder auch Deutsche Bank Research veröffentlicht werden, zeigen, dass **über die Hälfte aller Outsourcing-Projekte scheitern**. Das bedeutet, dass die Hälfte aller Projekte nicht halten, was ursprünglich angenommen wurde und nach einiger Zeit ohne Erfolg beendet werden. Dies gilt vor allem für solche Outsourcing-Projekte, die einzig mit dem Ziel der Kostenreduzierung gestartet werden. Der Hintergrund ist, wie wir bereits sahen und später noch im Detail analysieren wollen, dass die Sparpotenziale sehr viel geringer sind, als in der Outsourcing-Euphorie oftmals angenommen wird.

„Lass uns das in Indien machen – die sind billiger" aus dem Mund eines Geschäftsführers ist praktisch schon der Grundstein für ein gescheitertes Outsourcing-Projekt! Projekte hingegen, die mit einer Verflechtung von Zielen, wie verbesserte Qualität, mehr Flexibilität, leicht reduzierte Kosten begonnen werden, sind erfolgreicher – nicht primär, weil die Ziele weniger aggressiv sind, sondern, weil man mit realistischen Annahmen startet und entlang der Lernkurve (auf beiden Seiten) lernt, was auch bei den eigenen Prozessen noch zu verbessern ist, um wirklich effizienter und effektiver zu werden.

Durch das zunehmende IT- und Software-Outsourcing haben **Beschäftigungs- und Ausbildungsstrukturen begonnen, sich zu ändern**. Bestimmte IT-Aufgaben werden in westlichen Ländern bereits heute abgebaut. In den USA gehen die reinen Programmierberufe seit 2002 zurück. Im Silicon Valley reduzieren sich die Programmieraufgaben jährlich um 5 Prozent und zwar irreversibel. Das hat zwei Gründe, einerseits mehr Wiederverwendung und andererseits das Outsourcing. Die Rate wird zwar nicht auf über zehn Prozent pro Jahr anwachsen, aber sie hat einen mächtigen Einfluss auf die Softwareentwicklung (d.h. die Art der Dienstleistungen und Produkte, die noch vor Ort hergestellt werden) und auf die Informatikausbildung (z.B. gehen diejenigen Inhalte zurück, die kaum mehr lokal nachgefragt werden, während Themen wie Modellierung, Strukturierung oder Lieferantenmanagement an Bedeutung gewinnen). Deutsche Unternehmen gehen nach einer Studie von BITKOM und DB Research zu einem Drittel davon aus, dass durch Offshoring die Anzahl der in Deutschland beschäftigten Mitarbeiter zurückgehen wird. Man geht für die nächsten fünf Jahre von einer Reduzierung der Mitarbeiterzahl um insgesamt 5-10 Prozent durch diese Effekte aus.

IT-Outsourcing schafft *im Heimatland* netto neue Arbeitsplätze, wo Flexibilität und Lernbereitschaft gegeben sind. Niedrigere Produktionskosten, wie sie durch Outsourcing entstehen, steigern in den heimischen Unternehmen die Wettbewerbsfähigkeit, Profitabilität und den Wert eines Unternehmens auf dem globalen Markt. Wenn die weniger produktiven Arbeiten und Prozesse in Offshore-Regionen ausgelagert werden, können die freigesetzten Arbeitskräfte im Heimatland ertragreichere Arbeiten verrichten (soweit die Ausbildung und Flexibilität der Arbeitskräfte gegeben ist und der Beschäftigungsstand insgesamt hoch ist, wovon wir in der Informationstechnik ausgehen). Das McKinsey Global Institute hat festgestellt, dass für jeden Dollar, der in den USA für Offshoring nach Indien ausgegeben wird, ungefähr 1,13 Dollar in die amerikanische Volkswirtschaft zurückfließen. Es gelten die volkswirtschaftlichen Gesetze, dass die Auslagerung in Niedriglohnländer die Produktivität in Hochlohnländern erhöht und gleichzeitig einen weltweiten Bedarf an innovativen Produkten schafft, die nur in Hochlohnländern entwickelt werden können. David Ricardo stellte bereits 1817 fest, dass jedes Land die Güter und Leistungen herstellen und weltweit verkaufen muss, mit denen es komparative Vorteile hat. Outsourcing treibt interne Veränderungen und Produktivitätsverbesserungen und verbessert den Export. Die Aufträge in Offshore-Regionen generieren dort Einnahmen und Gewinne, die je nach Struktur der Handelsbeziehungen wieder als zusätzliche Mittel in den Import von hochwertigen Produkten aus Hochlohnländern fließen. Kein Wunder, dass ein Drittel der deutschen Unternehmen, die bereits Offshoring-Erfahrungen sammeln konnten, davon ausgehen, **dass durch effektives Offshoring um 5–10 Prozent mehr Mitarbeiter in Deutschland eingestellt werden können**.

Outsourcing oder Offshoring: Was ist was im Begriffsdickicht?

Wir wollen zum Abschluss dieses einführenden Kapitels noch kurz auf einige Fachbegriffe eingehen und sie erläutern. Ein vollständiges Glossar befindet sich am Ende des Buchs. Wir empfehlen, dass Sie sich damit befassen, oder ab und an einen Begriff nachschlagen. Häufig beginnt die Verwirrung nämlich bereits in der falschen Verwendung von Fachbegriffen.

Prüfen Sie Ihr Verständnis vorab einmal selbst an zwei vordergründig harmlosen Begriffen und deren Bedeutung für Ihr Unternehmen und das Outsourcing: Was ist der Unterschied zwischen Verifikation und Validierung? Und um es ganz praktisch zu halten eine Folgefrage: Können Sie in der Verifikation oder in der Validierung Geld im eigenen Unternehmen oder Produkt sparen? Um den Ball niedrig zu halten, hier gleich die Antwort. Bei Verifikation geht es um eine Überprüfung von Arbeitsergebnissen gegen deren Spezifikation, also beispielsweise ein Code-Review oder Unit-Test. Bei der Validierung geht es um den Test eines Systems gegen seine Anforderungen. Das Sparpotenzial ist bei den meisten Unternehmen im Bereich von 10-30 Prozent der Produktentwicklungskosten, wenn die Validierung reduziert wird und die Verifikation verbessert wird. Das Outsourcing der Validierung bringt zumeist keinen großen Kostenvorteil, außer man lagert Tests aus, die große Infrastrukturinvestments erfordern würden, die Sie selbst gar nicht bringen wollen. Hier kann es zu interessanten Skaleneffekten durch einen dafür spezialisierten Outsourcing-Partner kommen (z.B. bei Interoperabilitätstests).

Nun zu den wichtigsten Begriffen im IT- und Software-Outsourcing.

Outsourcing: Eine anhaltende und ergebnisorientierte Beziehung mit einem Lieferanten, der Aktivitäten übernimmt, die traditionell innerhalb des Unternehmens ausgeführt wurden (deutsch: auslagern). Outsourcing ist heute eine eigenständige Managementdisziplin, so wie Personalwesen oder Informationstechnik. Outsourcing beschreibt nicht, wohin ausgelagert wird. Outsourcing lässt offen, ob es sich um einen Geschäftsprozess (so genanntes „Business Process Outsourcing") oder um die Verlagerung einer einzelnen Aktivität (so genanntes „Body shopping") handelt. Outsourcing unterscheidet sich vom Unterauftragsmanagement durch einen Fokus auf den ausgelagerten Prozess, während ein Unterauftrag primär von einem Projekt aus lanciert wird und daher immer eine Projektperspektive hat. In der Ausführung ist der Übergang vom Unterauftrag zum – anhaltenden – Outsourcing allerdings fließend. Der Lieferant ist typischerweise außerhalb des eigenen Unternehmens (z.B. spezialisiertes IT-Unternehmen), kann aber auch eine Tochtergesellschaft sein (internes Outsourcing).

Offshoring: Die Ausführung einer betrieblichen Aktivität außerhalb des Stammlands des Unternehmens. Offshoring und Outsourcing sind zwei verschiedene Dimensionen in der Optimierung von Geschäftsprozessen im Unternehmen. Offshoring heißt nicht nötigerweise Outsourcing, und Outsourcing muss nicht immer ins Ausland gehen. Das Offshoring kann sowohl intern als auch extern geschehen. Internes Offshoring beschreibt die Situation, wenn Unternehmen Niederlassungen oder Tochtergesellschaften in einem asiatischen Niedriglohnland gründen, um dorthin Arbeiten auszulagern, die im Ursprungsland zu teuer geworden sind. Beim externen Offshoring oder Offshore-Outsourcing überträgt ein Unternehmen Aktivitäten oder Geschäftsprozesse an dafür spezialisierte Lieferanten im fernen Ausland.

Onshore-Outsourcing: Der Lieferant kommt aus dem gleichen Land wie der Kunde. Diese Form des Outsourcing spielt vor allem dann eine Rolle, wenn größtmögliche Flexibilität gewünscht wird, ohne die kulturellen, technischen oder rechtlichen Risiken einer Arbeit im fernen Ausland in Kauf nehmen zu müssen.

Nearshore-Outsourcing: Der Lieferant kommt aus einem Nachbarland. Ähnlich wie beim Onshore-Outsourcing geht es auch hier vor allem um das Arbeiten in der gleichen Zeitzone, um kulturelle Ähnlichkeiten und um kurze Reisewege. Sowohl das Onshore- als auch das Nearshore-Outsourcing bieten den Vorteil, dass man sich schneller mit dem Lieferanten abstimmen kann und damit auch bei unzureichenden Prozessen und Werkzeugen durch direkte Gespräche schnelle Lösungen finden kann.

Offshore-Outsourcing: Hier geht es um eine große geografische Distanz des Kunden zum Lieferanten (z.B. nach Indien oder Südamerika). Das Offshore-Outsourcing wird vor allem dann eingesetzt, wenn es um große Sparpotenziale bei bestehenden Produkten oder Dienstleistungen durch dafür spezialisierte Dienstleister in einem Niedriglohnland geht.

Taktisches Outsourcing oder **Just-in-Time Sourcing**: Lieferanten werden fallweise für begrenzte Aktivitäten in Projekte eingebunden. Auf Projektbasis werden jene Lieferanten ausgewählt, welche die Aufgabe am besten erledigen können. Taktisches Outsourcing dient der operativen Effizienzverbesserung, beispielsweise damit ein Unternehmen bei Aufträgen oder speziellen technischen Fähigkeiten „atmen" kann und damit flexibel bleibt ohne dauerhaft Personal einstellen zu müssen. Es ähnelt dem **Unterauftragsmanagement**, da häufig eine Projektsicht zugrunde liegt.

Strategisches Outsourcing: Ein Geschäftsprozess wird anhaltend ausgelagert, um die eigenen Ressourcen auf Kernkompetenzen zu fokussieren. Dies kann in Entwicklungsprojekten eine Aufgabe (z. B. Wartung, Test) oder aber auch die gesamte Systementwicklung sein. Strategisches Outsourcing soll die Wertschöpfung anhaltend ändern.

Business Case: Konsolidierte Informationen für Entscheidungsträger, die eine Geschäftsidee (hier: Outsourcing oder Offshoring) aus verschiedenen Perspektiven begründen.

SLA (Service Level Agreement): Outsourcing ist eine Dienstleistung. Das SLA definiert die erwartete Qualität dieser Dienstleistung und beschreibt, wie sie operativ gemessen wird (z. B. Kosten, Fehlerzahlen, Flexibilität bei Änderungen). Die Grenzwerte sind Vertragsbestandteil und dienen der anhaltenden Qualitätssicherung. Ein SLA hat drei Elemente: die Messvorschrift, eine Zielsetzung und eine Verrechnungsgrundlage, die Zielerreichung oder Leistung mit dem Preis in Beziehung setzt.

Entscheidungskriterien

Do not plan a bridge
by counting the number of people
who swim across the river today.
– Anonym

Checkliste: Ist Outsourcing möglich?

Wir haben in der Einführung bereits die ganz unterschiedlichen Gründe für das Outsourcing kennen gelernt. Nun ist es an der Zeit, dass Sie für sich und Ihr Unternehmen klar machen, was Sie selbst mit dem Outsourcing (offshore, nearshore oder onshore) erreichen wollen. Wollen Sie primär die Kosten reduzieren oder aber die eigenen Fähigkeiten und Möglichkeiten (Kapazität, Flexibilität) verbessern? Sind Sie an einer kurzfristigen Reaktion auf ein drängendes Problem aus, oder aber an einem langfristigen Engagement mit einem Partner interessiert, der für Sie Teile Ihrer Geschäftsprozesse übernimmt? Müssen Sie in einem bestimmten Land präsent sein, um dort Märkte zu erschließen, oder geht es darum, eine Region zu wählen, die langfristig ein interessantes Mitarbeiterreservoir für Sie bietet? Die Frageliste lässt sich beliebig ausdehnen, was wir hier nicht machen wollen. Stattdessen wollen wir systematisch einige wichtige Ansätze betrachten, die Ihnen helfen, die richtigen Fragen zu stellen und dann auch zu beantworten.

Wir beginnen mit den beiden wichtigsten Gründen, die für ein Outsourcing sprechen, nämlich die eigenen Fähigkeiten zu verbessern oder die Kosten zu reduzieren. Daraus lassen sich bereits einige Szenarien ableiten, die in der folgenden Abbildung dargestellt sind.

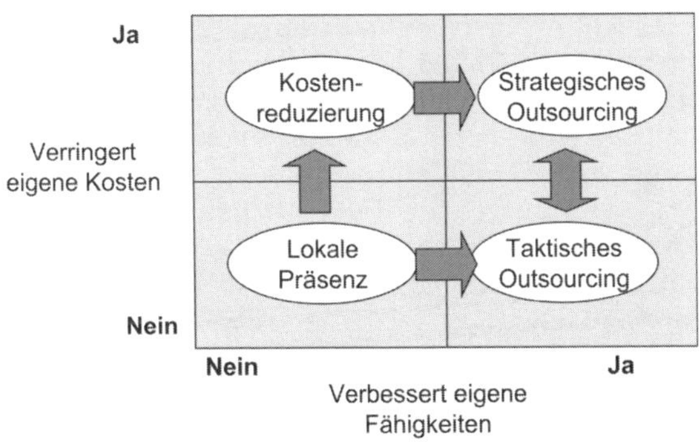

Der Einfachheit halber beginnen wir mit der linken unteren Seite, die für die beiden genannten Motive offenbar wenig Nutzeffekte hat. In der Tat wird die **lokale Präsenz** ohne direkte Vorteile für Kosten oder Fähigkeiten dann gewählt, wenn ein Markt erschlossen werden soll (z.B. Kunden in dieser Region oder diesem Land bestehen auf einem lokalen Lieferanten; Staatsunternehmen in einem Land sind gezwungen, Aufträge primär an einheimische Unternehmen zu vergeben; ein Markt ist so spezifisch, dass man ihn nur verstehen kann, wenn eigene Mitarbeiter dort nicht nur mit Kunden sprechen können, sondern sie auch schulen können und im Tagesgeschäft mit den Kunden lernen können, was der wirkliche Bedarf ist und wie sich Wettbewerber lokal darstellen). Das Standardbeispiel für diese Situation sind China und USA, aber es gilt eingeschränkt auch für viele andere Länder, selbst in Europa. Häufig wird in diesem Fall ein Service- und Vertriebszentrum gegründet, das je nach Potenzial und Bedarf anwachsen kann. Diese Aufgabe kann sowohl intern als auch durch einen externen Lieferanten wahrgenommen werden. Im Falle eines sehr kleinen Unternehmens oder zu einem schnellen und erfolgreichen Start ist es immer von Vorteil, mit einem lokal anerkannten Lieferanten zusammenzuarbeiten.

Die lokale Präsenz aus den genannten Gründen bleibt nie langfristig relevant. Entweder wird der Markt erfolgreich erschlossen, so dass es naturgemäß zu einer Weiterentwicklung kommt, oder aber er hält nicht, was man sich versprach, und das Engagement wird zurückgefahren. Im Erfolgsfall ist die lokale Präsenz häufig von der Kostenstruktur (z.B. Aufbau und Vorhaltung replizierter Kompetenzen; ineffiziente kleine Entwicklungslinien, die sich nicht skalieren lassen) und dem Kostenbeitrag aus gesehen nicht tragbar. Sie muss sich entwickeln, sie muss wachsen. In Niedriglohnländern verläuft das normale Wachstum in Richtung des linken oberen Quadranten, also hin zu messbarer Kostenreduzierung des ausgelagerten Prozesses. Man kennt das Land, hat eigene Mitarbeiter assimiliert (vor allem ein Managementteam) und eine Anzahl loyaler und gut ausgebildeter lokaler Mitarbeiter und Manager aufgebaut. Dem Wachstum steht also aus dieser Sicht nichts im Weg. Der weitere Aufbau kann sowohl intern durch Gründung einer lokalen Gesellschaft oder auch extern durch einen Outsourcing-Lieferanten erreicht werden. Diese Entscheidung hängt davon ab, wie kritisch Ihre eigene Präsenz aus technischen oder Vertriebsgründen ist oder wie gut und effektiv Sie Ihr geistiges Eigentum schützen wollen. Gerade in der Softwareentwicklung wird man in dieser Phase vorzugsweise einen (lokalen oder global aktiven) im Niedriglohnland lokalisierten Dienstleister nehmen und spezielle Expertise gezielt aufbauen. Handelt es sich allerdings um kundenorientierte Lösungen mit viel Bedarf an Konfigurationswissen und technischem Know-how, kann es sich lohnen, sofort mit einem eigenen Entwicklungszentrum zu beginnen.

Ein Zwischenschritt von der begrenzten lokalen Präsenz aus kann das **taktische Outsourcing** sein, wie es der rechte untere Quadrant darstellt. Taktisches Outsourcing verbessert kurzfristig die eigenen Fähigkeiten. Man braucht eine lokale Präsenz in größerem Umfang und findet nicht genügend Mitarbeiter für das eigene Unternehmen, so dass zu vergleichsweise hohen Kosten Softwareentwickler kurzfristig als Leiharbeiter eingestellt werden. Bestimmte Geschäftsprozesse an den Schnittstellen zur Softwareentwicklung werden häufig taktisch ausgelagert, beispielsweise die technische Dokumentation. Man braucht einen lokal erfahrenen Lieferanten, der flexibel und mit den richtigen Kompetenzen präsent ist. So etwas lässt sich kaum intern aufbauen, vor allem nicht in verschiedenen Regionen gleichzeitig. Selten wird man einen einzelnen Prozess innerhalb des Software-Lebenszyklus taktisch auslagern, denn die Lernkurve ist teuer und die Kosten sind hoch, während der Erfolg nicht garantiert ist. In diesem Fall sollten Sie auch die Möglichkeit der Akquisition eines kleineren Unternehmens berücksichtigen.

Ein stabiler Endzustand ist mit dem **strategischen Outsourcing** erreicht. Gezielt werden Lieferanten in bestimmten Ländern ausgewählt, um eine anhaltende Geschäftsbeziehung aufzubauen. Technologie und Wissen werden transferiert, so dass der Lieferant sich in seiner Planung ganz auf Ihr Geschäft einstellen kann. Dies führt nicht nur zu niedrigen Kosten, sondern auch zu einer verlässlichen Flexibilität, die es erlaubt, kurzfristig Mitarbeiterzahlen an veränderte Markt- und Kundenbedürfnisse anzupassen. Strategisches Outsourcing spielt für deutsche Unternehmen eine große Rolle, denn es hilft, verschiedene arbeitsrechtliche, steuerliche und tarifliche Modelle gemeinsam zu optimieren.

Wir wollen zunächst einmal prüfen, ob Outsourcing für *Sie prinzipiell* das Richtige ist. Dazu wollen wir eine kleine Checkliste bearbeiten, die Ihnen zeigt, was die wesentlichen Faktoren sind, die Sie bei dieser Grundentscheidung berücksichtigen sollten.

- ☐ Würden Sie diese Produktlinie, diese Technologie, diesen Unternehmensbereich oder diesen speziellen Geschäftsprozess nochmals intern entwickeln, aufbauen oder einführen?
- ☐ Kommen von diesem Geschäftsbereich mittelfristig Schlüsselmitarbeiter, Schlüsselprodukte oder wichtige Patente?
- ☐ Haben Sie mittelfristig die nötigen Mitarbeiter und Fähigkeiten, um diese Arbeit selbst zu machen?
- ☐ Ist das Geschäftsmodell und die Kostenstruktur Ihrer Softwareentwicklung in diesem Bereich zukunftsweisend?
- ☐ Würden andere Unternehmen Ihr Unternehmen und Ihre eigene Softwareentwicklung jederzeit nehmen, um selbst auszulagern?
- ☐ Verlangen Ihre Kunden, Märkte oder Produkte eine starke lokale Präsenz von Entwicklungs- oder Serviceleistungen?

Falls Sie die meisten Fragen mit „Nein" beantworten, kommt Outsourcing prinzipiell in Frage. Soweit Sie in einem oder zwei Fällen ein „Ja" gegeben haben, sollten Sie prüfen, ob dies im ganz speziellen Fall, den Sie vor Augen haben, wirklich eine Rolle spielt. Beispielsweise beleuchtet die erste Frage (würden Sie das Gleiche nochmals machen?) zunächst einfach, wo im Lebenszyklus das Produkt oder die Technologie aus Ihrer Sicht stehen. Es kann durchaus sein, dass dieses Produkt für Sie strategisch wichtig ist und trotzdem die Wartung oder die Dokumentation ausgelagert werden sollen. In einem solchen Fall ist ein „Ja" als Antwort vernachlässigbar. Ähnlich verhält es sich beispielsweise bei der letzten Frage der Checkliste, die zunächst nur vor Augen hat, ob Ihre Kunden sehr viel Wert auf lokale Präsenz legen. Das kann von einer prinzipiell unsicheren Situation der Anforderungen kommen, die nur gemeinsam und projektbegleitend geklärt werden kann. Trotzdem spricht hier nichts gegen das Outsourcing von Test, Wartung oder sogar Entwicklung, wenn Sie den Lieferanten sehr gut integrieren können.

Nun müssen Sie Ihre **operative und strategische Bereitschaft für das Outsourcing** prüfen. Dazu haben wir zwei weitere Checklisten vorbereitet, die diese beiden Dimensionen hinterfragen. Einmal mehr geht es natürlich um ehrliche Antworten, da Sie nachher das Ergebnis alleine ausbaden müssen.

Fragen zur operativen Bereitschaft	Ergebnis
Sind Ihre Projekte bei der Lieferung pünktlich? (0: < 50 %, 1: um 80 %, 3: 95 % der Projekte sind pünktlich)	
Werden Ergebnisse mit Zielvorgaben verglichen? 0: Ja, 1: Alle Projekte haben finanzielle Kennzahlen. 3: Alle Projekte haben eine balancierte Scorecard für wichtige Indikatoren und Ziele)	
Haben Sie gute Projektmanagement-Fähigkeiten? (0: Keine, 1: Formales Training, 3: Alle Projektleiter sind zertifiziert)	
Sind Ihre Geschäftsprozesse und Organisationsstrukturen hinreichend stabil? (0: Ständige Änderungen, 1: Beschrieben, 3: Beschrieben, robust, stabil)	
Haben Ihre Projektleiter Erfahrungen mit Unterauftragsmanagement? (0: Nein, 1: Ja, 3: Jeder Projektleiter hat diese Erfahrungen)	
Sind die Geschäftsprozesse standardisiert? (0: Nein, 1: Dokumentiert, 3: Standardisiert)	
Sind Ihre Prozesse optimiert? (0: Nicht alle, 1: CMMI Reifegrad 3 erreicht, 3: CMMI Reifegrad 4 erreicht)	
Existiert ein formales Requirements Management? (0: Nein, 1: Beschrieben, 3: Ständig und formalisiert ausgeführt)	
Werden Projektvereinbarungen und Anforderungen formal überprüft? (0: Ja, 1: Alle Projekte prüfen Vereinbarungen und unterschreiben sie zu Beginn, 3: Alle Projekte prüfen die Vereinbarungen regelmäßig)	
Existiert ein formales Änderungs-Management? (0: Nein, 1: Beschrieben, 3: Ständig und formal)	
Setzen Sie formalisierte Schätz- und Planverfahren ein? (0: Oft, 1: Formalisierte Verfahren, 3: Rigoroser und regelmäßiger erneuerter Einsatz mit Werkzeugunterstützung)	
Haben Sie die passende Werkzeuglandschaft? (0: Ja, 1: Standardisierte Werkzeuge durch den Lebenslauf, 3: Weitgehende Automatisierung der Geschäftsprozesse)	
Summe	

Fragen zur strategischen Bereitschaft	Ergebnis
Existiert eine klare Strategie für das Outsourcing? (0: In Vorbereitung, 1: Kommuniziert: 3: Abgestimmt und praktiziert)	
Was sind die Erfahrungen mit Outsourcing? (0: Keine, 1: Einzelne Projekte, 3: Positive Erfahrungen seit Jahren)	
Haben Sie Erfahrungen im Ausland und mit ausländischen Lieferanten? (0: Ja, 1: Wir arbeiten mit ausländischen Lieferanten, 3: Das Management muss ein Jahr in der ausländischen Filiale arbeiten)	
Sind die Mitarbeiter und Management am Outsourcing interessiert? (0: Nicht alle, 1: Neutral, 3: Sehr positiv mit konkreten Gründen)	
Sind die relevanten externen Interessengruppen am Outsourcing interessiert? (0: Nein, 1: Ja, 3: Alle haben den Wunsch erklärt)	
Sind Teamwork und Zuverlässigkeit gelebte Werte im Unternehmen? (0: Selten, 1: Ja, 3: Auf allen Stufen ständig sicht- und fühlbar)	
Setzen Sie ein zielorientiertes Management ein? (0: Nein, 1: Ziele sind beschrieben, 3: Periodische Reviews zur Zielerreichung)	
Hat Ihr Unternehmen eine Prozess- und Qualitätskultur (0: Ja, 1: Kunden und Management fordern es ein, 3: Wird eingefordert und regelmäßig überprüft; ISO und CMMI oder ITIL im Einsatz)	
Sind Kostenoptimierung und Prozessverbesserungen üblich? (0: Manchmal, 1: Ständig, 3: Wir sind führend in Produktivität und Qualität)	
Sind Mitarbeiter und das Unternehmen offen für Änderungen? (0: Ja, 1: Änderungsprogramme laufen, 3: Sehr gute Erfahrungen und konkrete Ergebnisse erreicht)	
Orientiert sich die Mitbestimmung an den Unternehmenszielen? (0: Gewerkschaften dominieren, 1: Oft, 3: Unternehmen folgt seinen eigenen Zielen)	
Sind Softwareentwicklung oder IT zentralisiert? (0: Nein, 1: In den Geschäftsbereichen, 3: Im ganzen Unternehmen)	
Summe	

Die erste Checkliste betrachtet eher operative Fragestellungen, wie beispielsweise Ihre Prozessfähigkeit oder das Requirements Management. Die zweite Checkliste betrachtet strategische Aspekte, beispielsweise die Offenheit der Mitarbeiter für Änderungen und Ihre Kultur. Die Fragen werden jeweils auf einer Skala zwischen 0 und 3 beantwortet. Der Wert 2 wurde bewusst ausgelassen, um das Ergebnis aussagekräftiger zu machen. Sie beantworten die jeweils zwölf Fragen also nur mit einer 0, einer 1 oder einer 3 in der letzten Spalte. Diese Werte werden jeweils aufsummiert, was ein Ergebnis zwischen 0 und 36 für beide Tabellen liefert. Mit diesem Ergebnis können Sie

Ihre Position im folgenden Portfolio suchen und die Situation bewerten.

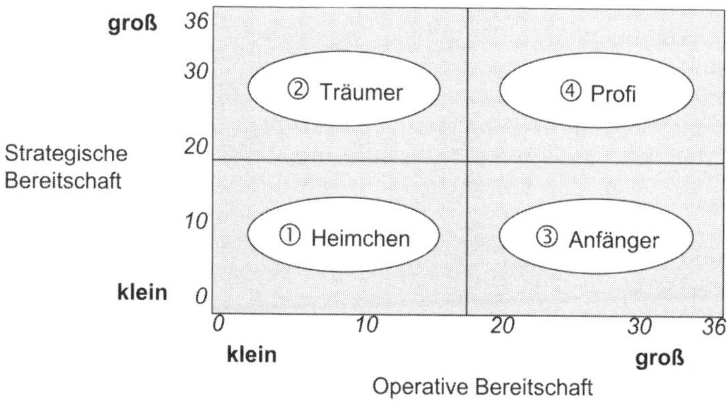

Wir unterscheiden vier Fälle, die Ihre Bereitschaft zum Outsourcing zusammenfassen und auch darstellen, auf was Sie besonders achten müssen:

- **(1) Heimchen**: Sie sind noch nicht reif für das Outsourcing. Das ist nicht schlimm, denn vielleicht besteht gar kein Bedarf dazu. Falls ein starker Druck zum Outsourcing besteht, sollten Sie anhand der Ergebnisse aus den Checklisten diejenigen Kriterien systematisch verbessern, die aus den folgenden Kapiteln dieses Buchs für Sie den größten Nutzen darstellen. Kritisch ist es vor allem, wenn Sie in einigen für Sie wichtigen Checks mit „0" antworten mussten. Nehmen Sie einen erfahrenen Dienstleister, der Ihre Branche, Ihre Aufgaben und auch Ihre Situation versteht. Oftmals hilft er Ihnen bei Ihrer eigenen Lernkurve hin zu Position (4)
- **(2) Träumer**: Aus unserer Erfahrung müsste diese Position eigentlich nahezu leer sein. Nur solche Unternehmen befinden sich dort, die zwar hehre Ziele setzen, aber sehr schwach in der Umsetzung sind. Ihr Vorteil ist, dass Sie wissen, was Sie eigentlich machen müssen – aber nicht so genau wie. Das Buch zeigt Ihnen an vielen Stellen, auf was Sie operativ achten müssen. Vor allem das Kapitel zum Outsourcing-Prozess ist sehr wichtig für Sie. Soweit Sie mit CMMI oder ITIL noch völlig unbeleckt sind, beginnen Sie eine solche Initiative und verbinden Sie sie mit Ihren konkreten Geschäftszielen. Starten Sie keineswegs Outsourcing, ohne konkrete Ände-

rungen auf den Weg gebracht zu haben. Holen Sie sich einen Coach für das Mittelmanagement und die Geschäftsführung, damit Sie auf Geschwindigkeit kommen. In vielen Fällen genügt ein stark zielorientiertes Management, um aus den Träumen eine Realität zu machen. Sollten Sie in dieser Situation unbedingt bereits Outsourcing machen wollen, brauchen Sie eine gute Beratung und einen erfahrenen Outsourcing-Manager (den Sie von außen einstellen sollten), der mit der vollen Unterstützung Ihrer Geschäftsführung schrittweise all das einführt, was operativ überlebensnotwendig ist.

- **(3) Anfänger**: Aller Anfang ist wichtig und in Ihrem Fall auch richtig. Sie bewegen sich auf der natürlichen Trajektorie hin zum Outsourcing-Professional. Beachten sie Ihre Schwächen im strategischen Bereich, um nicht noch weiter nach rechts zu wandern, sondern um auch nach oben zu kommen. Oftmals werden Sie die mittelfristigen Risiken nicht kontrollieren können und viele Fehler wiederholen. Das Buch zeigt Ihnen, auf was Sie achten müssen. Nehmen Sie einen Lieferanten, der Ihre Lernkurve unterstützt und sich gut auskennt. Sie werden Lehrgeld bezahlen müssen, aber wenn Sie auf den Lieferanten hören und offen für Änderungen sind, wird es gut gehen.
- **(4) Profi**: Glückwunsch zu Ihrem sehr balancierten Ergebnis! Sie werden an einzelnen Stellen noch Schwächen haben, die in diesem Buch diskutiert werden. Aber insgesamt haben Sie gute Chancen, zu den Gewinnern im Outsourcing-Geschäft zu gehören. Scheuen Sie sich nicht, die Feinabstimmungen gemeinsam mit Ihrem Lieferanten zu machen, denn er kann Ihnen immer noch weitere Verbesserungsmöglichkeiten aufzeigen.

Checkliste: Wo bringt Outsourcing etwas?

Die Komplexität einer verteilten Softwareentwicklung ist groß. Lernen Sie daher schrittweise und gemeinsam mit Ihren Lieferanten – für die *Sie* ja auch in gewisser Weise Neuland darstellen. Optimieren Sie Prozesse und Werkzeuge, bevor Sie den nächsten Schritt gehen. **Muten Sie sich nicht zuviel auf einmal zu**. Die folgende Abbildung zeigt, wie sich die Handhabungskomplexität abhängig vom Umfang des Outsourcing verändert. Globale Entwicklungsprojekte, bei denen ein Outsourcing-Partner Teile der Entwicklung übernimmt, während beispielsweise Spezifikation, Architektur und Integration im eigenen

Unternehmen verbleiben, stellen hohe Anforderungen an das Schnittstellenmanagement. Einfacher wird es, wenn ein kompletter Geschäftsprozess oder die gesamte Produktentwicklung ausgelagert werden. Das gleiche gilt in die andere Richtung, wo einzelne Arbeitspakete nur dann die Komplexität signifikant verringern, wenn sie Onshore (d. h., vorzugsweise im eigenen Unternehmen oder durch lokale Lieferanten) ausgeführt werden.

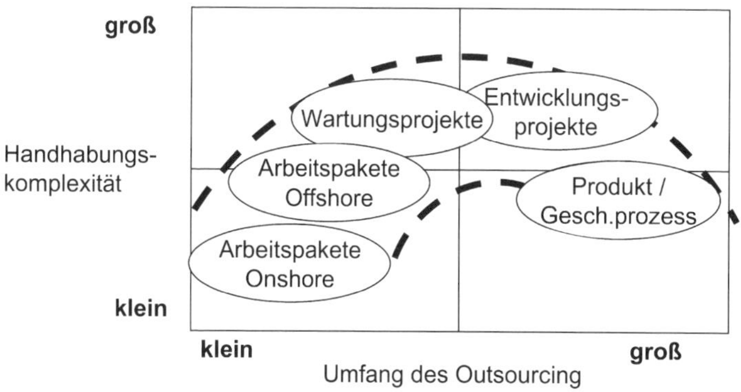

Über die Zeit sollten Sie das Outsourcing-Potenzial (also Ihre Gewinnmöglichkeiten) und damit die Komplexität und Ihr Risiko schrittweise erhöhen, wie es die folgende Abbildung zeigt. Einzelne Arbeitspakete sind harmlos, versprechen aber auch keine große Kostenersparnis. Wartungsprojekte lassen sich leichter transferieren als Entwicklungsprojekte, da Sie die technologische und Prozess-Kompetenzen bereits besitzen und die Abhängigkeiten für das laufende Geschäft während des Transfers geringer sind. Nur wenn Sie diese Stationen erfolgreich gemeistert haben, sollte ein komplettes Produkt oder ein Geschäftsprozess innerhalb des Lebenszyklus ausgelagert werden.

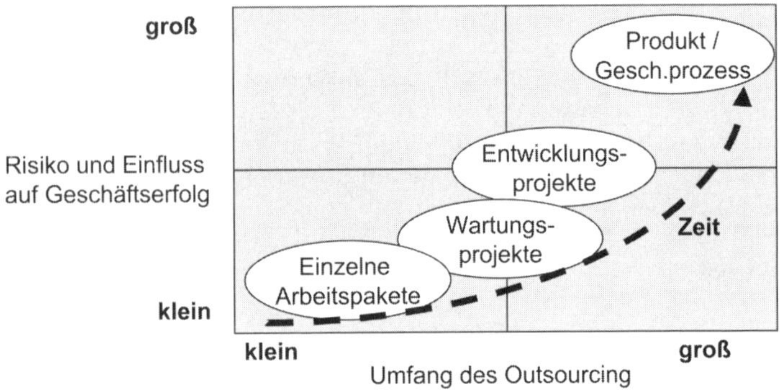

Ob Ihnen Outsourcing etwas bringt, hängt nicht nur vom Zuschnitt der konkreten Aufgabe ab, wie wir es bisher betrachtet haben, sondern auch davon, wie das detaillierte Aufgabenspektrum aussieht. In der Regel wird ja nicht nur eine einzelne Aufgabe zu einem bestimmten Lieferanten ausgelagert, sondern man entscheidet sich global für das Outsourcing von bestimmten IT-Aufgaben, Produktentwicklungen oder Entwicklungsprojekte und sucht dann für jede dieser Aufgaben einen optimalen Zuschnitt. Die folgende Tabelle skizziert für solch detaillierte Aufgaben den Einfluss auf das Geschäftsmodell, die Lernkurve bis das Geschäft auf Lieferantenseite völlig verinnerlicht ist, daraus abgeleitet eine optimale Vertragsdauer (die natürlich auch länger sein kann als angegeben) sowie die Anzahl bevorzugter Partner. Beim Geschäftsmodell sind wir bewusst unscharf geblieben, denn die Feinheiten werden wir in einem der folgenden Kapitel beschreiben und vergleichen.

Kriterium	Geschäftsmodell	Lernkurve	Vertragsdauer	Zahl der Partner
Konzeption und Analyse von Geschäftsprozessen	Onshore, Zusammenarbeit	lang	lang	wenige
Produktdefinition und Konzeption von Software für externe Produkte	Onshore, Zusammenarbeit	lang	lang	wenige
Entwicklung von internen Anwendungen	Offshore, Outsourcing	kurz	mittel	wenige–viele
Entwicklung von Produkten	On-/Near-/Offshore	mittel	mittel–lang	wenige
Entwicklung eingebetteter Software für Produkte	On-/Near-/Offshore	kurz	mittel–lang	wenige
Validierung von Software (z.B. verschiedene Teststrategien)	On-/Near-/Offshore, Outsourcing	mittel	mittel	wenige
Wartung von Anwendungssoftware	Offshore, Outsourcing	mittel	mittel–lang	viele
Wartung von Produkten	Near-/Offshore, Outsourcing	mittel	lang	wenige
Auswahl und Installation von Software und Infrastruktur	On-/Nearshore, Zusammenarbeit	kurz	kurz–mittel	wenige
Betrieb von Infrastruktur	On-/Nearshore, Outsourcing	kurz	kurz–mittel	sehr wenige
Betrieb von internen Anwendungen	On-/Near-/Offshore, Outsourcing	kurz	mittel	sehr wenige

Checkliste: Verträgt das konkrete Projekt Outsourcing?

Nun stellt sich die nächste Frage, nämlich ob *das konkrete Produkt oder Projekt* Outsourcing verträgt. Oftmals bietet sich eine **Produktlinie** prinzipiell für das Outsourcing an, da die Technologie veraltet und das Produkt nunmehr die Rolle einer „Cash Cow“ spielt, also keinen strategischen Nutzen für Ihr Unternehmen mehr hat. Aber das konkret laufende **Projekt** könnte trotzdem ungeeignet sein, da noch nicht alle Hausaufgaben auf Ihrer Seite erledigt sind. Beispielsweise gibt es viele Produkte, die nur sehr schlecht dokumentiert sind, oder aber wo plötzlich Qualitätsprobleme aufgetreten sind, die Sie vor dem Outsourcing-Abenteuer in den Griff bekommen sollten.

Abhängig vom **Neuigkeitsgrad** der Aufgabe und Technologie, bietet sich Outsourcing an oder scheidet sogar komplett aus. Wir wollen im Folgenden vier Faktoren bewerten, nämlich der Innovationsgrad (in Abhängigkeit von Projektneuigkeit und Stabilität oder Unsicherheit der Projektanforderungen), Ihre eigene Prozessfähigkeit, Ihre technische Expertise sowie die Expertise Ihres Lieferanten in Ihrem eigenen Umfeld. Der Ansatz wurde erstmalig von A.Tiwana in IEEE Software beschrieben (siehe Literatur) und wurde für dieses Buch mit weitergehenden Erfahrungen angereichert.

Die folgende Abbildung zeigt die vier genannten Kriterien sowie vier Outsourcing-Profile in Abhängigkeit der Ausprägung dieser Kriterien. Wir wollen die Zusammenstellung bewusst einfach halten und bewerten daher die Kriterien binär, also „niedrig" oder „hoch". Wie das im Detail gemacht wird, zeigen die noch folgenden Tabellen. Outsourcing wird ganz klar empfohlen, wenn der Innovationsgrad niedrig ist (also Kostenreduzierungen zunehmend über Ihren Erfolg entscheiden) und Ihre eigene Prozessfähigkeit hoch ist. Dann sind die Erfahrungen des Lieferanten in Ihrem Umfeld oder Ihre eigene technische Expertise nicht so relevant. In diesem Fall ist das Outsourcing-Modell sehr standardisiert – wie aus dem Lehrbuch: Sie beherrschen das Geschäft und spezifizieren die Bedürfnisse, während der Lieferant die Technik beherrscht und das Produkt entwickelt.

Bewertung	**Outsourcing-Profil (Summeneinträge aus den folgenden Tabellen)**			
Innovationsgrad (Produkt, Anforderungen)	niedrig	hoch	niedrig	hoch
Prozessfähigkeit des Auftraggebers	hoch	hoch	niedrig	niedrig
Technische Expertise des Auftraggebers	egal	egal	hoch	egal
Expertise des Lieferanten im speziellen Umfeld	egal	hoch	egal	egal
Outsourcing	empfohlen	möglich	möglich	Nein!
Typisches Outsourcing-Modell, empfohlene Maßnahmen zum Risikomanagement	Standard-Outsourcing: Sie beherrschen das Geschäft und der Lieferant die Technik	Sie arbeiten wie bisher. Lieferant muss sich in Ihr Geschäft gut einarbeiten.	Risikoprojekt. Sie müssen Ihre Prozesse verbessern.	Sehr hohes Risiko! Sie müssen sich beide gegenseitig unterstützen und das Risiko teilen.

Ganz anders sieht es aus, wenn der **Innovationsgrad** hoch ist. Dann muss die Expertise Ihres gewählten Lieferanten ebenfalls hoch sein, um erfolgreich zu sein. Sie können in einem solchen Fall nicht davon ausgehen, dass sich der Lieferant schnell einarbeitet, und die Lernkurve, die Sie beide dann mitmachen, kann bereits Ihre Marktposition beeinträchtigen. Zwingend gilt auch hier, dass Ihre eigene Prozessfähigkeit hoch sein muss.

Bei niedriger eigener **Prozessfähigkeit** (immerhin geben Sie es ja zu, was nicht jedermanns Stärke ist) ist Outsourcing möglich, wenn der Innovationsgrad niedrig und die technische Expertise des Auftraggebers hoch ist. Outsourcing bleibt aber ein Risikoprojekt, und wir empfehlen Ihnen, Ihre Prozesse gleichzeitig mit dem Outsourcing zu verbessern. Die gute Nachricht dabei ist, dass es sehr viel einfacher ist, wenn man einen gewissen Druck hat und gleichzeitig einen Partner (hier der Lieferant), der einem bereits sehr viele konkrete Tipps aus dem täglichen Geschäft geben kann. Schließlich sieht er Ihre Prozesse von außen und kann mit dem vergleichen, was er bei anderen Kunden und sich selbst als erfolgreich herausgefunden hat.

Abraten sollte man vom Outsourcing, wenn der Innovationsgrad hoch ist, aber Ihre eigene Prozessfähigkeit niedrig. Machen sie erst einige Hausaufgaben und verbessern Sie Ihre internen Prozesse, vor allem jene um Projektmanagement, Rollen und Schnittstellen sowie Änderungsmanagement. Es gibt zahlreiche Beispiele, wo Unternehmen oder Geschäftsbereiche in einem solchen Fall Teile der Softwareentwicklung ausgelagert haben, den Lieferanten gegen dessen Willen zu ihren eigenen unzureichenden Prozessen gezwungen haben (was dieser mitmacht, geht es ihm doch auch primär darum, die Kunden zufrieden zu stellen) und nach einem Jahr merkten, dass die Software stark verspätet ist und sich nicht integrieren lässt.

Nun wollen wir die vier Kriterien im Detail betrachten und zeigen, wie die Checklisten ausgefüllt werden. Die erste Checkliste untersucht den Innovationsgrad. Wir betrachten vier Aspekte, die Sie aus der Sicht Ihres Produkts oder Geschäfts mit einer Zahl zwischen 1 und 4 charakterisieren. Dann wird summiert und das Ergebnis als „niedrig" eingestuft, wenn die Summe unterhalb von 11 liegt.

Innovationsgrad (Produkt, Anforderungen)	Ergebnis
Produktanforderungen	1 - 4
Designkonzept, Systemdesign	1 - 4
Systemfunktionen	1 - 4
Anwendungsproblembereich, Geschäftsprozess	1 - 4
Summe:	....
Kriterien für Einzelbewertung: 1 = kleine Modifikation eines existierenden Systems 2 = große Modifikation eines existierenden Systems 3 = Komplett neues Design, aber basierend auf einem erprobten Konzept 4 = Noch niemals in dieser Form gemacht.	Kriterien für Summenbewertung: 4 - 10: niedrig 11 - 16: hoch

Das zweite Kriterium beleuchtet Ihre eigene **Prozessfähigkeit**. Dabei betrachten wir drei Aspekte, die Sie dieses Mal mit einem Wert zwischen 1 und 3 bewerten. Ihre eigenen Entwicklungsprozesse werden hier durch das CMMI und Ihren Reifegrad beschrieben. Soweit sie nur einen Ausschnitt der Entwicklung betrachten oder einen IT-Geschäftsprozess auslagern wollen, können Sie stattdessen auch das ITIL einsetzen und entsprechendend zwischen 1 und 3 charakterisieren. Wieder wird aufsummiert und die Grenze zwischen niedrig und hoch gezogen.

Prozessfähigkeit des Auftraggebers	Ergebnis
Eigene Entwicklungsprozesse (1 = CMMI ML1, 2 = CMMI ML2, 3 = darüber)	1 - 3
Projektmanagement (Einzelkriterien s.u.)	1 - 3
Geschäftsprozesse und Schnittstellen (Einzelkriterien s.u.)	1 - 3
Summe:	....
Kriterien für Einzelbewertung: 1 = neue Prozesse oder Vorgehensweisen 2 = existierende Prozesse mit umfangreichen Anpassungen 3 = existierende Prozesse mit kleinen Anpassungen	Kriterien für Summenbewertung: 3 - 6: niedrig 7 - 9: hoch

Nun betrachten wir Ihre eigene **technische Expertise**, die dann nötig ist, wenn Sie Teile der Softwareentwicklung auslagern wollen oder aber einen ganzen Geschäftsprozess wie die Wartung übertragen wollen. Im Unterschied zur Prozesssicht aus dem zweiten Kriterium, geht es hier um Details, wie Sie arbeiten und zwar vor allem in den Anfangsphasen der Produktentwicklung. Wie spezifizieren Sie? Wie gut können Sie eine Spezifikation oder eine Lösungsbeschreibung (Modell) kommunizieren? Wie gut beherrschen Sie die Qualitätskontrolle und -sicherung? Haben Sie eine Methodik in den einzelnen Entwicklungsschritten, die Sie befähigt, an den von Ihnen definierten Schnittstellen ohne Reibungsverluste Dokumente und Ergebnisse weiterzugeben oder zu empfangen. Jeder Aspekt wird mit einer Zahl zwischen eins und fünf bewertet und dann alle fünf Ergebnisse aufsummiert. Hier liegt die Grenze zwischen niedrig und hoch bei 15.

Technische Expertise des Auftraggebers	**Ergebnis**
Spezifikation und Modellierung von Architekturen, Entwurfsdetails und technische Aspekten	1 - 5
Analyse, Entwicklung und Integration von technischen Lösungen	1 - 5
Verständnis für Modellierungskonzepte, Notationen (z.B. UML), Programmiersprachen	1 - 5
Qualitätskontrolle, Verifikation und Validierung, Teststrategie, Qualitätssicherung	1 - 5
Eigene Entwicklungsmethodik (z.B. Konfigurationsmanagement, Produktdatenmanagement, Problemmanagement, Anforderungsmanagement, Lebenszyklusmanagement, Dokumentation)	1 - 5
Summe:	....
Kriterien für Einzelbewertung: 1 = sehr niedrig 2 = niedrig 3 = mittel 4 = hoch 5 = sehr hoch	Kriterien für Summenbewertung: 5 - 15: niedrig 16 - 25: hoch

Schließlich betrachten wir noch die **Expertise des Lieferanten**, also wie gut sich der ausgewählte Lieferant in Ihrem eigenen Geschäft auskennt. Wie wir gesehen haben, ist diese Analyse nur dann notwendig, wenn es sich um ein Produkt oder um technische Anforderungen handelt, die hochgradig innovativ sind. In diesem Fall müssen Sie vom Lieferanten erwarten, dass er sich damit sehr gut auskennt und vergleichbare Arbeiten mit der gleichen Mannschaft bereits vorher gemacht hat. Wir haben hier insgesamt sieben einzelne Aspekte, die jeweils mit einem Wert zwischen eins und fünf charakterisiert werden. Die Grenze zwischen niedrig und hoch liegt bei 21.

Expertise des Lieferanten im speziellen Umfeld	Ergebnis
Kenntnis der Geschäftsprozesse des Auftraggebers	1 - 5
Kenntnis des spezifischen Anwendungsbereichs und Markts	1 - 5
Verständnis im operativen Tagesgeschäft in der Produktentwicklung, Vorgehensweisen, Methodik, Lebenszyklen, proprietäre Entwicklungswerkzeuge	1 - 5
Verständnis der dedizierten Entwicklungsprozesse (z.B. verantwortungen, Schnittstellen, Workflows)	1 - 5
Kenntnis von Technologien, Architektur, Systemen, Designs	1 - 5
Verständnis für die zu entwickelnden Geschäftsprozesse oder Anwendungen	1 - 5
Kenntnis der Schnittstellen Ihrer technischen Systeme und Werkzeuge	1 - 5
Summe:	....
Kriterien für Einzelbewertung: 1 = sehr niedrig 2 = niedrig 3 = mittel 4 = hoch 5 = sehr hoch	Kriterien für Summenbewertung: 7-21: niedrig 22-35: hoch

Der Outsourcing Business Case

Nach diesen anfänglichen Untersuchungen haben Sie eine gute Übersicht darüber, ob Outsourcing für Sie in Frage kommt, und für welche Produkte oder Prozesse es sich bei Ihnen am besten eignet. Wir wollen nun den **Business Case des Outsourcing** betrachten, denn nur eine detaillierte Rechnung hilft bei der Bewertung der Kosten und Sparpotenziale.

Der sauber aufgestellte Business Case ist die einzige Möglichkeit, eine Entscheidung zum Outsourcing halbwegs objektiv zu bewerten. Doch häufig werden Informationen und Vereinbarungen im Vorfeld verschleiert und Annahmen werden nicht hinreichend überprüft. Dann ist der Business Case nicht viel wert und kann sogar irreführend sein. Das psychologische Problem beim Business Case ist die Quantifizierung von Annahmen. Dies ist nicht jedermanns Sache und sollte auch im Tagesgeschäft immer wieder geübt werden. Eine Grundvoraussetzung für einen guten Business Case ist ein funktionierendes Controlling, das genau die Details erfassen kann, die Sie im Business Case bewerten. Ein Business Case ohne **Controlling** ist wie eine Heizung ohne Thermostat. Was hilft eine Vorgabe, deren Erreichung nicht ständig überprüft wird?

Der Business Case für die Entscheidung über ein etwaiges Software-Outsourcing wird vor der Lieferantenauswahl begonnen und wird über die Zeit perfektioniert. Beachten Sie dabei alle entstehenden Kosten (die so genannte „**Total Cost of Outsourcing**"). **Direkte Kosten** umfassen Training, überlappende Arbeiten am Anfang der Lieferantenbeziehung (z. B. wenn ein Lieferant Designspezifikationen nachbearbeiten muss, um sie zu verstehen), kontinuierliches Wissensmanagement, Schnittstellenmanagement, Infrastruktur (z. B. Testlabors, Softwarelizenzen, sichere Kommunikationslösungen), Reise- und Aufenthaltskosten für Mitarbeiter auf beiden Seiten, Übersetzungen, externe Berater, etc. **Indirekte Kosten** umfassen Verzögerungen durch die Lernkurve, Kommunikations-Overheads (z. B. die Beschreibung von Dokumenten, die Sie erst durch die verteilte Entwicklung wirklich benötigen; Fehlerkorrekturen, die bisher eher ad-hoc kommuniziert wurden), etc. Auf der Nutzenseite sollten Sie sorgfältig berücksichtigen, zu welchen Zeitpunkten welche Effekte eintreten. Der Business Case entwickelt sich über die Zeit, wie das bei jeder Investition der Fall ist. Einsparungen treten kaum in den ersten Monaten auf; häufig dauert es für die Softwareentwicklung bis zu zwei Jahre, wie wir bereits gesehen haben. Beachten Sie zeitliche Abhängigkeiten und Entwicklungen. Nutzen wachsen über die Zeit, aber auch die Preise – vor allem wenn Sie vom Lieferanten erst einmal abhängig sind.

Für den Business Case sollten Sie ein **Template** verwenden, das die folgenden Elemente enthält:

- Zusammenfassung
- Einführung (Eigenentwicklung vs. Outsourcing vs. Offshoring; eigene Möglichkeiten und Grenzen)
- Marktanalyse (Industrie, Trends, Wettbewerberverhalten, Länder, Anbieter)
- Betriebswirtschaftliche Rechnung (Kosten und Nutzen über Zeit). Kostenstruktur und Overhead beachten. Eventuell für mehrere Szenarien (z. B., selber machen wie bisher, internes Offshoring, externes Offshoring, Offshore-Outsourcing). Einflüsse verschiedener Vertragsformen berechnen.
- Operative Durchführung (Projektdurchführung, Kundenschnittstellen, Zulieferer, Plattformen, Service, finanzielle Kontrollen)
- Planung (Projektplan, Ressourcenbedarf, Risikomanagement)
- Organisation (Verantwortungen, Kommunikation)
- Anhänge (Details zu obigen Kapiteln)

Zunächst wollen wir mit einigen **Kennzahlen** beginnen, die bei der Aufstellung des Business Case helfen. Es ist klar, dass dies nur grobe Annäherungen für Ihre spezielle Situation sein können, denn viele Zahlen hängen vom Geschäftsmodell und den Risikoelementen ab. Unzureichende eigene Entwicklungsprozesse zu externalisieren beispielsweise bringt auf beiden Seiten Zusatzkosten, die Sie bezahlen müssen. Aus der Erfahrung verschiedener europäischer Unernehmen sowie aus Studien (z.B. Meta Group oder CIO Magazine Sep. 2003) kann man als Faustregel ableiten, dass die folgenden Zusatzkosten, die zum **Risikomanagement** beitragen, entstehen:

- Lieferanten- und Vertragsmanagement: 1–10 Prozent
- Beratung, Rechtsschutz, Anwälte: 2–10 Prozent
- Wissenstransfer und Training: 2– 3 Prozent
- Mitarbeiter- und Kompetenzmanagement: 2– 5 Prozent
- IT-Infrastruktur, Werkzeuglizensen: 5–10 Prozent
- Prozessverbesserungen (zeitlich begrenzt): 1– 5 Prozent
- Koordination, Schnittstellenmanagement, Produktivitätsverluste (vor allem bei fragmentierten Aufgaben und unzureichenden Prozessen): 5-30 Prozent.

Damit kommen ohne gravierende Ausfälle und Probleme leicht 15-50 Prozent versteckte Zusatzkosten zustande, welche die niedrigen Stundensätze drastisch erhöhen. Halten Sie sich beispielsweise einmal vor Augen, wie sich die Mitarbeiterkosten in Deutschland durch produktive und moderne Ingenieursarbeitsplätze erhöhen. Diese Kosten sind nahezu fix und schlagen natürlich in Niedriglohnländern prozentual heftig ins Kontor. Dazu kommen im Durchschnitt 5-15 Prozent Fluktuation der Mitarbeiter (mit starken Unterschieden je nach Anbieter und Region), die zu weiteren versteckten Kosten führen.

Eine **Analyse des Business Case** wird Ihnen für verschiedene mögliche Szenarios zeigen, welches Outsourcing-Modell am ehesten in Frage kommt. Die folgende Abbildung vergleicht drei grundsätzliche Modelle und ihren Einfluss auf die Kosten. Wir betrachten dazu ein einfaches Entwicklungsprojekt mit einem fixen Projektaufwand. Je nach Grad des Outsourcing wird ein bestimmter Anteil des Projekts in einem Niedriglohnland durchgeführt. Das erste Modell (oben) zeigt die ursprüngliche Vorgehensweise, in der lokal entwickelt wird. Es fallen keine Offshoring-Stunden an. Die Gesamtkosten werden hier als 100 Prozent festgelegt. Man erkennt bereits an diesem oberen

Bild, dass die größten Sparpotenziale innerhalb der Entwicklung und Integration liegen. Da dies gleichzeitig auch die Prozesse sind, die das geringste anwendungs- oder kundenspezifische Fachwissen benötigen, erklärt dies den **Erfolg des Outsourcing**: Große Kostenanteile lassen sich vergleichsweise einfach auf Lieferanten übertragen, die zu geringeren Kosten liefern können, als dies in Deutschland der Fall ist.

Das zweite Modell (Bildmitte) zeigt die traditionelle verteilte Entwicklung, bei der 80 Prozent der Entwicklung in einem Niedriglohnland durchgeführt wird. In den einzelnen Balken ist der untere, hellere Anteil der Stundenzahl vor Ort gewidmet, während der obere, dunklere Teil die ausgelagerten Stunden zeigt. Eine weitere Annahme ist, dass die Hälfte des Projektmanagements ebenfalls ausgelagert werden kann. Allerdings fallen Zusatzkosten zum Schnittstellenmanagement an, von denen wiederum die Hälfte ausgelagert werden. Das Schnittstellenmanagement in diesem Fall wird mit 15 Prozent Zusatzkosten angenommen. Bei einem Stundensatz von 30 Prozent im Niedriglohnland (also beispielsweise 30 € im Vergleich zu 100 € in Deutschland) ist dieses Modell ungefähr 20 Prozent günstiger. Die Einsparungen sind also niemals so hoch, wie uns uninformierte Medien (und manche Berater) suggerieren wollen.

Im dritten Modell (unteres Chart) schließlich wird eine komplette Auslagerung des Produkts angenommen, wie man es immer häufiger, vor allem bei Wartungsprojekten, sieht. Die Annahmen hierbei sind eine komplette Auslagerung sowohl in der Entwicklung als auch in der Integration. Das Projektmanagement kann zu 70 Prozent ausgelagert werden, und das Schnittstellenmanagement zu 30 Prozent. Durch die komplette Auslagerung von Entwicklung und Integration reduziert sich der Zusatzaufwand für das Schnittstellenmanagement auf 10 Prozent der gesamten Projektkosten. Bei einem gleichen Verhältnis der Stundensätze wie oben vergrößert sich der Einspareffekt auf 50 Prozent.

Mit zunehmender Wartung reduzieren sich Strategie-, Spezifikations- und Schnittstellenkosten, so dass man auf über 60 Prozent Einsparungen kommt und damit ganz in die Nähe des Unterschieds der Stundensätze. In allen Fällen reduzieren die oben genannten Zusatzkosten für das Risikomanagement die Einsparungen stark.

Modell 1: Vollständig lokale Entwicklung

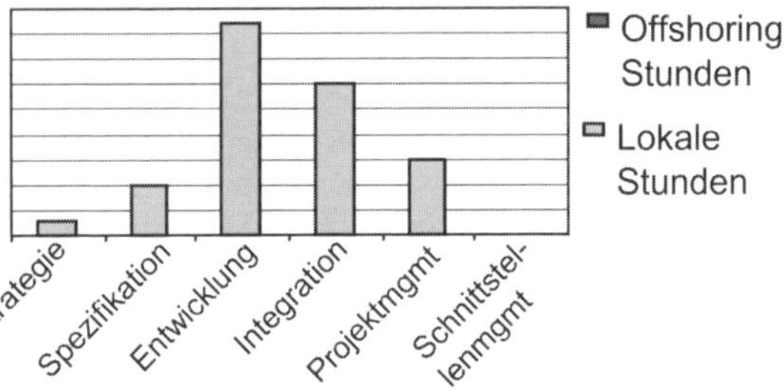

Modell 2: Verteilte Entwicklung

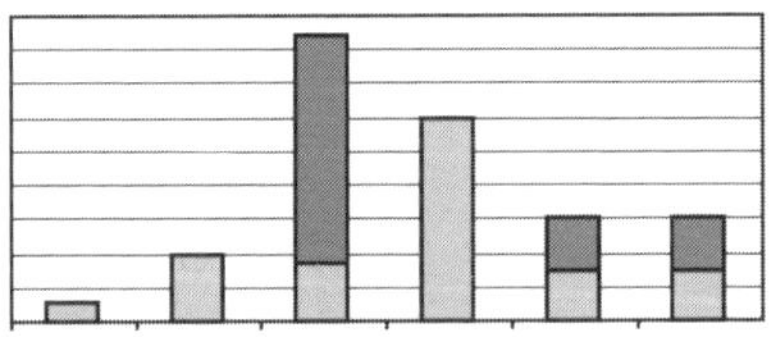

Modell 3: Vollständige Auslagerung

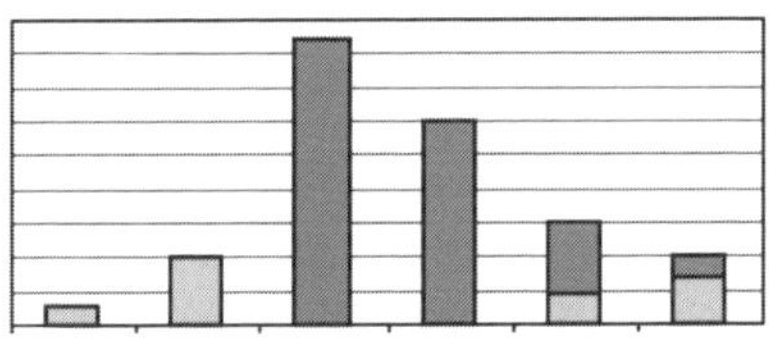

Beachten Sie in Ihrer eignen Modellrechnung, dass sich die Schnittstellenkosten mit der Zeit verkleinern. Sobald beide Seiten die Regeln und gegenseitigen Prozesse verstanden haben, kann sich das Schnittstellenmanagement leicht auf 20-30 Prozent des hier angesetzten Werts verringern. Bei der Berechnung Ihrer eigenen Situation werden Sie erkennen, dass eine zunehmende Fragmentierung von Aufgaben oder zuviel Arbeitsteilung immer einen negativen Effekt haben. Wirkliche Ersparnisse im Outsourcing kommen nur wenn ein kompletter Geschäftsprozess ausgelagert wird. Body Shopping und die Mitarbeit von Consultants kann nur der Überbrückung eines dringenden Kapazitätsengpasses dienen.

Wir lernen aus diesem einfach gehaltenen Vergleich, dass nur ein exakter Business Case mit einer prozessorientierten Kostenerfassung einen genauen Aufschluss geben kann, welches Modell für Ihre Verhältnisse optimal ist.

Lieferantenauswahl

Die Schlüsselfrage im Outsourcing ist die Auswahl der richtigen Lieferanten. Wir wollen die Fragestellung aus zwei Richtungen betrachten, nämlich erstens welche Art von Lieferant zu Ihnen und der speziellen Aufgabe passt und zweitens wie Sie dem potenziellen Lieferanten auf den Zahn fühlen und prüfen können, ob er der Aufgabe gewachsen ist.

Checkliste: Welcher Lieferant passt zur konkreten Aufgabe?

Die Auswahl des Lieferanten beginnt mit Randbedingungen, die Sie an die Geschäftsbeziehung haben. Erst danach macht es Sinn, einzelne Lieferanten zu betrachten oder eine Ausschreibung zu starten. Wir wollen also im ersten Schritt Ihre Anforderungen konkretisieren.

Checkliste zu Ihren Bedürfnissen

- ☐ Sind Sie an einer einmaligen Auslagerung einer Aufgabe interessiert oder an einer anhaltenden Geschäftsbeziehung?
- ☐ Welche konkreten Ziele verbinden Sie mit dem Outsourcing (Inhalte, Zahlen)?
- ☐ Für wie lange planen Sie die Outsourcing-Beziehung? Können Sie bereits einige Jahre im Voraus planen oder suchen Sie eher einen Lieferanten, der so flexibel ist, dass er sich immer wieder an Ihre spezifischen aktuellen Bedürfnisse anpassen kann?
- ☐ In welcher Größenordnung bewegt sich das angenommene Volumen der ausgelagerten Aktivitäten? Wie genau können Sie die Arbeitsinhalte abschätzen?
- ☐ Wie wird sich das Volumen oder die Aufgabe über die Zeit ändern?

Soweit es Ihnen ganz konkret um Offshore-Outsourcing geht, sollten Sie einen Lieferanten wählen, der Offshoring als seine Kernkompetenz sieht. Die großen Lieferanten in Europa oder USA sehen Offshoring nicht als Priorität an, sondern wollen alle ihre Ressourcen weltweit gleichmäßig auslasten. Das bedeutet im Regelfall, dass Ihnen diese Lieferanten zwar gute Outsourcing-Dienstleistungen anbieten werden, aber preislich (und häufig auch kulturell) mit den lokalen Anbietern in typischen Niedriglohnländern nicht mithalten können. Sie müssen den europäischen oder amerikanischen Wasserkopf mitfinanzieren.

Nehmen Sie Anbieter, die **motivierte Mitarbeiter** im Ausland haben. Globale (amerikanische oder europäische) Anbieter mit bekannten Namen lagern die aus ihrer Sicht eher langweiligen (Wartungs-) Tätigkeiten in Niedriglohnländer aus. Viele haben sogar komplett getrennte Personalbereiche und Mitarbeiterentwicklungsprogramme. Das frustriert lokal angestellte Mitarbeiter (die für Sie viel wichtiger sind als die Zentrale), da sie sich nicht in ähnlicher Form entwickeln können. Häufig sehen solche Mitarbeiter in Niedriglohnländern den großen westlichen Anbieter nur als eine Durchlaufstadion an, die man schnell hinter sich lassen sollte. Lokalisierte Anbieter im Niedriglohnland versuchen daher den umgekehrten Weg zu gehen. Beispielsweise sind die großen indischen Unternehmen wie Wipro oder Tata in jüngster Zeit dazu übergegangen, zunehmend mehr Mitarbeiter nach Europa und Nordamerika zu transferieren. Sie bauen dort Projektbüros für ihre Kunden auf und helfen, die Komplexitäten von global verteilten Projekten zu reduzieren (z. B. Schnittstellenmanagement, Anforderungen spezifizieren, Vertragsmanagement, Projektkontrolle und Projektreviews vor Ort mit den Kunden). Damit haben die hervorragenden indischen Fachkräfte plötzlich Karriereperspektiven im Westen, die sie natürlich ausnutzen und damit trotz globaler Karriereambitionen im Unternehmen bleiben können.

Bei sehr **kleinen Unternehmen** lohnt sich Offshore-Outsourcing nur selten. Das Schnittstellenmanagement ist zu hoch. Ausnahmen sind solche Unternehmen, die sich kennen und vertrauen, und als „Genossenschaft“ gemeinsam nach einem Lieferanten schauen. In diesem ganz speziellen Fall könnte es also interessant sein, dass Sie sich einmal mit Ihrer regionalen IHK in Verbindung setzen, um herauszufinden, ob es weiteren ähnlich gelagerten Bedarf gibt.

Für **mittelständische Unternehmen** macht Outsourcing Sinn, um Kosten zu sparen, Flexibilität zu steigern und Innovationen zu beschleunigen. Nehmen Sie Lieferanten, die auch in Ihrer Heimat präsent sind. Sie können nicht wegen jedem Problem ins Ausland fliegen.

Gehen Sie in Länder und zu Unternehmen, die Sie kennen und bewerten können. Lassen Sie sich Zeit zur Auswahl. Bestehen Sie auf Referenzen von anderen Kunden Ihrer Branche und Größe. Fragen Sie nach deren Erfahrungen. Sagen Sie allerdings nicht, dass Sie zum gleichen Lieferanten wollen.

Vermeiden Sie Entscheidungen zum Outsourcing unter Zeitdruck. Eine gute Entscheidung und vor allem die Lieferantenauswahl brauchen Zeit. Häufig besteht allerdings ein gewisser Zeitdruck, eine kurzfristig nötige Arbeit möglichst schnell auszulagern. Das gilt vor allem, wenn Sie im Projekt plötzlich bestimmte Skills brauchen oder aber wenn sie merken, dass ein Projekt zwar interessant aussieht, Sie es aber mit der derzeitigen Mannschaft nicht stemmen können. Dann brauchen Sie eine schnelle Lösung zum (taktischen) Outsourcing, die Sie allerdings nicht mit einer anhaltenden Lösung verwechseln sollten. Es gibt Lieferanten (häufig sogar direkt in Ihrer Nähe), die so genannte „Consultants" oder „Freelancer" vermitteln. Dafür gibt es auch bereits Internetbörsen. Diese Lösungen sind teuer, aber schnell umsetzbar. Vermeiden Sie allerdings, unter dem Druck eines kurzfristigen Bedarfs eine langfristig falsche Entscheidung zu treffen. Niemand geht für einen Abend in eine Bar, um sich zu verheiraten. Trennen Sie den kurzfristigen Bedarf und suchen Sie dafür eine schnelle Lösung. Wählen Sie – völlig unabhängig davon und mit den Techniken, die dieses Buch vermittelt – parallel dazu und in Ruhe Ihren strategischen Partner aus. Dieser Lieferant kann später dann auch solche taktischen Arbeiten übernehmen, aber er passt insgesamt zu Ihrem Umfeld, zu Ihren Bedürfnissen und zu Ihrer Kultur.

Checkliste: Ist der Lieferant der Aufgabe gewachsen?

Nach der Vorauswahl einer Gruppe von Lieferanten kommt die detaillierte Prüfung, welcher Lieferant konkret in Frage kommt. Dies ist ein mehrstufiger Prozess, der nicht nur Ihre Anforderungen und den Kostenrahmen hinterfragt, sondern auf ganz vielfältige andere Fragen eingeht. Wir haben im folgenden einige Checklisten zusammengestellt, die Sie bei der Auswahl unterstützen. Diese Checklisten dienen nur als Rahmen für Ihre eigenen spezifischen Checklisten, die Sie häufig projektspezifisch anpassen müssen. Nicht alle beschriebenen Prüfungen sind für Sie gleichermaßen relevant. Soweit bestimmte Ergebnisse dieser Checks für Sie und Ihre Kunden oder Märkte kritisch sind, sollten Sie sich deren Einhaltung vertraglich bestätigen lassen und die entsprechenden Prüfberichte archivieren.

Checkliste zur Vorauswahl

- ☐ Haben Sie oder Vertraute bereits mit diesem Lieferanten gearbeitet? Würden Sie es nochmals tun?
- ☐ Welche Referenzen kann der Lieferant in Ihrer eigenen Branche und Geschäft vorlegen? (Prüfen Sie die Referenzen sorgfältig).

- ☐ Wie gut kennt der Lieferant Ihr eigenes Geschäft?
- ☐ Warum sieht sich der Lieferant in der Lage, Ihre Bedürfnisse besser zu befriedigen, als andere Wettbewerber?
- ☐ Spielt der Lieferant in der gleichen „Liga“ wie Sie (Größe, Prozesse, Marktkenntnisse, technische Kenntnisse, Qualität, Märkte, etc.)?
- ☐ Hat der Lieferant breite Erfahrungen mit der Art von Dienstleistung, die Sie verlangen (z. B. Fehlerkorrekturen in bestehendem und schlecht dokumentierten Code zu machen)?
- ☐ Welcher Prozentsatz von Mitarbeitern verlässt diesen Lieferanten jährlich (Belege fordern)?
- ☐ Wie stabil ist das Management auf Lieferantenseite?
- ☐ Wie stabil ist das Unternehmen (Alter, Eigentümer, Kunden, Wettbewerber, Geschäftsentwicklung, etc.)?
- ☐ Wer sind die Eigentümer?
- ☐ Welche Kunden und Märkte bedient der Lieferant?

Diese Prüffragen lassen sich relativ leicht für eine größere Gruppe von möglichen Lieferanten per E-Mail erledigen. Bestehen Sie auf Referenzen, welche die Antworten des Lieferanten belegen können. Gute Lieferanten, egal ob klein oder groß, haben immer eine Referenzliste von Unternehmen – häufig sogar online – verfügbar, wo sie nachhaken können, wie die Erfahrungen waren. Andernfalls helfen auch spezielle Recherchen im Internet oder über lokale Industrie- und Handelsorganisationen. Vertrauen Sie im Zweifelsfall allerdings eher den Industrie- und Handelskammern aus Ihrer Umgebung, denn jene in der Umgebung des Lieferanten haben unter Umständen anders gelagerte Interessen als Sie.

Checkliste zu Ihren spezifischen Anforderungen

- ☐ Welche Ressourcen stellt der Lieferant für Ihr Projekt zur Verfügung?
- ☐ Wie werden die nötigen Fähigkeiten und Kompetenzen der Mitarbeiter auf Lieferantenseite für Ihr Projekt garantiert?
- ☐ Können seine Mitarbeiterzahlen und Kompetenzen flexibel angepasst werden? Mit welcher Geschwindigkeit können sie angepasst werden?
- ☐ Wie wird der Lieferant auf veränderte Risiken oder Bedürfnisse reagieren? Beschreiben Sie die zu erwartenden (befürchteten) Szenarios und lassen Sie den Lieferanten ausgestalten, in welcher Form er reagieren würde. Falls es für Sie (oder auch ihn) geschäftskritisch

sein kann, lassen Sie sich ein solches Risikomanagement bestätigen.

- ☐ Welche Kosten entstehen Ihnen bei den zu erwartenden Änderungen?
- ☐ Welches sind die kritischen Einflussparameter auf die Kosten? Sind diese Parameter unter Ihrer Kontrolle oder kann der Lieferant sie zu seinen Gunsten beeinflussen?
- ☐ Kann der Lieferant mit gemischten Teams (also Mitarbeiter aus Ihrem Haus und auf der Lieferantenseite) oder global verteilten Teams umgehen?
- ☐ Kann ein Offshoring-Lieferant Mitarbeiter oder Kontaktpersonen an Ihrem eigenen Standort bereit stellen?
- ☐ Ist die rechtliche Situation am Standort des Offshoring-Lieferanten dergestalt, dass Randbedingungen zu Verträgen, Datensicherheit oder Copyright- und Patentschutz einklagbar sind? Gibt es dazu Erfahrungen? Verlassen sie sich hierbei nicht auf die blumigen Berichte von WTO, OECD oder Ihrem Anbieter und seinem Heimatland, sondern befragen Sie unabhängige Experten. Vergleichen Sie unterschiedliche Standorte vor diesem Hintergrund.
- ☐ Besitzen seine Mitarbeiter die richtige Ausbildung und Zertifikate?
- ☐ Besitzt der Lieferant alle für Sie relevanten Zertifikate und Vorgaben (z.B. ISO 9000, CMMI)?
- ☐ Passt die Infrastruktur zu Ihren Bedürfnissen (z.B. Netzwerkgeschwindigkeit, Datenvolumen, Backup, replizierte Server, Entwicklungswerkzeuge, sichere Verbindungen, etc.)
- ☐ Welche Preise werden für die Leistungen verlangt, die Sie erwarten?
- ☐ Wie stabil werden die Preise bleiben?
- ☐ Welche Kostenstruktur auf Lieferantenseite liegt seiner Angebotserstellung zugrunde?
- ☐ Ist das Angebot des Lieferanten ein Lockvogel, um Sie speziell als Kunde zu gewinnen? Kann er die versprochenen Randbedingungen mit großer Wahrscheinlichkeit einhalten?

Diese Checks hängen speziell von Ihren Bedürfnissen und Anforderungen ab. Gerade die Kostenstruktur und angenommene Preisentwicklung ist eine der schwierigsten Fragen bei der Lieferantenauswahl. Balancieren Sie eine gewisse Stabilität mit dem Risiko, dass es für Ihren Lieferanten über die Zeit unattraktiv wird und er den Vertrag kündigen muss.

Einen ganz anderen Check sollten Sie sich selbst in diesem Zusammenhang stellen, nämlich wie leicht oder schwer Sie es dem möglichen Lieferanten machen, den Vertragsbedingungen nachzukommen.

Eine Fragestellung, die Sie ebenfalls selbst anpacken müssen, ist, welchen „**Lock-In-Mechanismus**" (also die Vorgehensweise eines Lieferanten, Sie langfristig in einem Vertrag zu halten und damit abhängig zu machen) würden Sie an der Stelle der Lieferanten wählen – und wie würden Sie dann damit umgehen? Hintergrund dafür ist, dass viele vor allem kleinere Lieferanten ein großes Interesse daran haben, Sie als Kunde zu bekommen. Dann werden langsam und stetig Abhängigkeiten geschaffen (aus Gründen der Fairness sollte unterstrichen sein, dass solche Abhängigkeiten auf beiden Seiten angetrieben werden können), damit der Vertrag nicht mehr leicht beendet werden kann. Ein Beispiel dafür sind Wartungsverträge für Software, wo langsam und stetig das Know-how auf Ihrer Seite so reduziert wird, dass Sie irgendwann einmal nicht mehr zurück können. Dann können die Preise leichter erhöht werden, als in der Anfangsphase, denn Sie sind kaum in der Lage, die Aufgabe ohne Blutverlust an einen anderen Lieferanten zu transferieren.

Checkliste für den ausgewählten Lieferanten vor Ort

- ☐ Wie sehen die Büros und die Infrastruktur aus?
- ☐ Wie schätzen Sie die Stimmung beim Lieferanten ein?
- ☐ Werden Ihnen leichtfertig Dinge gezeigt, die Sie selbst einem anderen Besucher nie zeigen würden? (Stellen Sie Fallen!)
- ☐ Schauen Sie die Entwicklungs- und Testlabore und die Büros an. Hängen Statistiken oder Projektberichte an den Wänden? Wird damit konkret gearbeitet? Sind die Metriken konsistent?
- ☐ Arbeiten die Leute, wie sie behaupten zu arbeiten? Werden Prozesse im Tagesgeschäft gelebt oder nur beschrieben und zertifiziert? Wie kann der Lieferant seine Prozessfähigkeit belegen? Sprechen Sie mit den Mitarbeitern oder dem lokalen Management, soweit dies erlaubt ist. Prüfen Sie im direkten Gespräch die Eignung und das Verständnis für Ihre Aufgabe (Testen Sie Skills und Methodik).
- ☐ Vertrauen Sie dem Lieferanten und seinem Management?
- ☐ Was sagt Ihr Bauchgefühl?

Diese Checks sind dazu gedacht, Sie vor Ort zu unterstützen, falls Sie dem Lieferanten einen Besuch vor Vertragsunterzeichnung abstatten wollen. Eine solche Vorortuntersuchung kann auch bereits sehr früh erfolgen, um ein Gefühl dafür zu erhalten, was Sie beim Outsourcing-Geschäft erwartet. Fast alle Anbieter in dieser Branche sind darauf eingestellt, vorsichtigen Kunden die Arbeitsplätze und Infrastruktur direkt zu zeigen. Soweit Sie Wert darauf legen, mit Mitarbeitern direkt zu sprechen, sollten Sie gleich prüfen, ob es auch diejenigen sind, die nachher in Ihrem Projekt arbeiten werden. Das Gleiche gilt naturgemäß auch für Infrastruktur und Standort.

Nicht immer lohnt es sich für Sie, eine solche Prüfung vor Ort selbst durchzuführen, insbesondere im Offshore-Outsourcing. Ihre Arbeitszeit und auch die Reise kosten Zeit und Geld, so dass es sich nicht in allen Fällen (beispielsweise, wenn es um eine kurzfristige Auslagerung von einzelnen Testaktivitäten handelt) rentiert, selbst vor Ort zu sein. Größere Outsourcing-Lieferanten haben in der Regel Kontaktpersonen in Europa, so dass Sie sich auch an Ihrem eigenen Standort treffen können.

Sollten Sie Wert auf einen solch direkten Gesamteindruck legen, können Sie diese Aufgabe selbst auch auslagern. Es gibt zunehmend mehr spezialisierte Unternehmen, die Outsourcing-Projekte beraten und coachen. Vielleicht macht es für Sie Sinn, mit einem solchen Unternehmen zu sprechen.

Manch einem Anbieter wird nachgesagt, dass er einen Vorzeigestandort hat (mit toller Infrastruktur, klimatisierten und modernen Büros, schöner Umgebung und Kantine sowie mit Mitarbeitern, die rund um die Uhr im Büro sind), während die harte Realität in so genannten „Software-Sweatshops" besteht, die das Codieren übernehmen und manches Mal nicht einmal rechtlich zu Ihrem Vertragspartner gehören, sondern ihm als Unterlieferant zuarbeiten. Sollten Sie selbst in Ihren Produkten oder Projekten vertragliche Randbedingungen haben, die es verlangen, dass Sie die Lieferkette kennen und überwachen (z.B. Medizintechnik, sicherheitskritische Systeme), müssen Sie solche Prozesse sehr exakt vor Ort prüfen und sich im Vertrag bestätigen lassen, dass sie zu jedem Zeitpunkt befolgt werden.

Zum Schluss noch ein Tipp: Manche der genannten Fragen haben den Charakter von Fallen, die dem Lieferanten gestellt werden, um zu sehen, wie er sich verhält. Sehen Sie dies ausschließlich professionell. Es ist nichts anderes, wie wenn sie für mögliche Mitarbeiter ein

Assessment Center ausrichten, in dem sie bestimmte Szenarios bearbeiten müssen. Ein Lieferant, der mir als möglichem Kunden zu leichtfertig Details aus Projekten anderer Kunden mitteilt, wird dies später auch mit meinen Daten so machen.

Checkliste für externe Audits

- ☐ Werden die für Sie relevanten Sicherheitsmaßnahmen konsequent umgesetzt und gelebt (z. B. Datenschutz, replizierte Daten, redundante Infrastruktur, Backups, Feuerschutz, verteilte Standorte)?
- ☐ Ist die vorhandene Infrastruktur hinreichend sicher, um Ihren Ansprüchen zu genügen (z. B. Angriffsschutz, VPN, separates gesichertes Netzwerk, besondere Kommunikationsprotokolle über die gesamte Verbindung)?
- ☐ Kann der Lieferant die geforderten gesetzlichen Randbedingungen und Ihre eigenen Unternehmensstandards einhalten (z. B. Basel 2, Sarbanes Oxley, ITIL)?
- ☐ Kann er sein Managementsystem (Prozesse, Berichtswesen, Kommunikation, Governance) an Ihre Anforderungen anpassen? Hält er diese Prozesse in Ausnahmesituationen ein?
- ☐ Wird der Lieferant regelmäßig auditiert? Von wem? Lassen Sie sich die Zertifikate und Prüfberichte zeigen.
- ☐ Lassen sich Ihre rechtlichen Ansprüche am Standort des Lieferanten vollstrecken (z. B. Gewährleistung, Schadensersatz)?
- ☐ Welche rechtstaatlichen Prinzipien werden am Standort des Lieferanten gelebt und eingefordert?
- ☐ Gibt es Musterfälle, die Rechtsicherheit am Standort des Lieferanten belegen?

Diese Prüfungen sind nicht immer relevant. Sie sollten sie gezielt für Ihre eigene Situation auswählen. Datensicherheit und -schutz sind von zunehmendem Interesse im Outsourcing, denn es geht hier nicht nur um Ihre kritischen Produktdaten, die Wettbewerbsvorteile ausmachen können, sondern auch um Daten Ihrer Mitarbeiter oder Ihres Unternehmens, die nicht in fremde Hände gelangen dürfen.

In jedem Fall sollten Sie nicht nur Audits anfordern und ablegen, sondern sich die Prüfbereichte durchlesen. Welche Risiken werden genannt? Ein Prüfbericht, der nur die positiven Ergebnisse beschreibt, ist sein Geld nicht wert.

Länder und Kulturen

Wie wir bereits gesehen haben, kann Outsourcing in unterschiedlichen Ländern (oder Entfernungen) vom Unternehmen des Auftraggebers geschehen. Die Fachleute unterscheiden daher das „Onshore-“, „Nearshore-“ und „Offshore-“ Outsourcing. Damit wird zwar zunächst eine amerikanische Perspektive in die Begriffe gebracht (denn für uns Europäer wäre höchstens Irland „Nearshore“), aber darum soll es hier nicht weiter gehen. Unterschieden wird mit diesen drei Begriffen das Outsourcing in der direkten Umgebung des Auftraggebers (Onshore), solches in der gleichen (oder ähnlichen) Zeitzone (Nearshore) und schließlich jenes in sehr großer Distanz (Offshore) – selbst wenn gar keine Küste dazwischen liegt, wie es aus deutscher Sicht für Indien oder China gilt.

Onshore-Outsourcing ist eine typische Maßnahme, wenn einem Unternehmen kurzfristig Ressourcen fehlen. Man wendet sich vorzugsweise an lokale Anbieter, soweit diese die Ressourcen schnell zur Verfügung stellen können. Der große Vorteil beim Onshore-Outsourcing ist, dass es keinerlei Reibungsverluste hinsichtlich der Entfernungen, Sprachen, Zeitzonen oder Kulturen gibt (wenn wir einmal von unterschiedlichen Unternehmenskulturen abstrahieren). Anbieter gibt es verschiedene, beispielsweise Zeitarbeitsfirmen, Beratungsunternehmen oder auch selbständige Softwareentwickler. Die Kosten sind ähnlich oder höher wie im eigenen Unternehmen, aber man bleibt flexibel und kann schnell zugreifen. Je dringender der Bedarf und je spezieller die Bedürfnisse, desto höher die Kosten – bis hin zu einem Zuschlag von 100-200 Prozent im Vergleich zu eigenen, festangestellten Mitarbeitern.

Nearshore-Outsourcing ist für uns Deutsche sicherlich besonders attraktiv, denn der osteuropäische Markt wächst mit großer Geschwindigkeit und kann mit sehr viel niedrigeren Kosten aufwarten, als dies beim Auslagern innerhalb Deutschlands der Fall ist. Eine zunehmende Zahl von Agenturen oder Vermittlern bietet Dienstleistungen direkt vor Ort in Deutschland an, die nachher in Osteuropa ausgeführt werden. Damit hat man den Effekt eines Onshore-Outsourcing zu den Kosten, die nur das Ausland bieten kann. Allerdings hängen die Preise stark von der Entfernung ab, und Länder oder Regionen, die vor einigen Jahren noch interessant waren, verlieren schnell an Bedeutung, da die Preise stark ansteigen. Ein gutes Beispiel ist die Gegend um Bratislava, die in den neunziger Jahren eine große Bedeutung hatte und vor allem durch Österreich erschlossen wurde, heute aber fast die gleichen Kosten wie Wien hat, da es zu nahe an der österreichischen Hauptstadt liegt. Diese Entwicklung spielt allerdings für das taktische Outsourcing keine Rolle, denn Sie werden nach einiger Zeit die Lieferantensituation sowieso neu bewerten. Anders sieht es bei strategischer Aufgabenverlagerung aus, und da sollten Sie diejenigen Regionen wählen, die sich nicht so schnell entwickeln werden, oder die stark im Wettbewerb stehen, wie beispielsweise Russland. Die baltischen Republiken haben der Vorteil, dass dort noch deutsch gesprochen wird, aber durch ihre enge Anbindung an den skandinavischen Markt sind sie für deutsche Unternehmen bereits uninteressant und rangieren in der Bedeutung als Outsourcing-Standorte weit hinter Polen, Tschechien, der Slowakei oder Russland.

Offshore-Outsourcing schließlich wird eher für das längerfristige Outsourcing gewählt und bringt die asiatischen Länder wie Indien, Philippinen oder China ins Blickfeld. Auch Brasilien oder Mexiko könnten diese Rolle übernehmen und werden momentan bereits von den USA dafür „konditioniert". Hier müssen Sie längere Startzeiten einkalkulieren – außer Sie arbeiten eng mit einem der großen indischen Anbieter zusammen, die Ihnen in Deutschland ein Projektbüro aufbauen, das als Kontaktstelle funktioniert.

Die folgende Abbildung zeigt die Entwicklung einzelner Regionen und Länder aus deutscher Sicht. China, Russland oder Osteuropa wachsen ihrer Bedeutung, während Indien seine bisher unangefochtene Position einbüßen wird. Das heißt nicht, dass Indien von der Outsourcing-Landkarte aus deutscher Sicht verschwinden wird, aber richtig ist sicherlich, dass andere Länder (vor allem Russland und China) aufschließen werden.

Neben den Zeitzonen, Entfernungen und sprachlichen Besonderheiten gibt es weitere Faktoren, die einen Standort attraktiv erscheinen lassen, beispielsweise die Kultur, die Stabilität der Region (geografisch, politisch, Arbeitsmarkt). Wir wollen diese Aspekte im folgenden für einige wenige ausgewählte Länder mit etwas mehr Details erläutern, um die Auswahl zu erleichtern und Ihnen Kriterien mitzugeben.

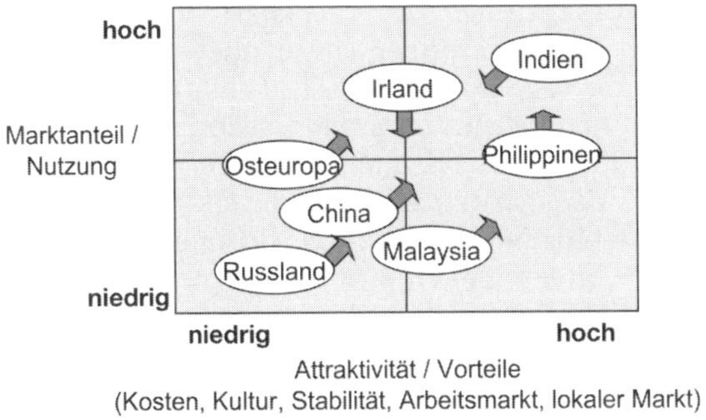

Ein wichtiges Kriterium, das über den Erfolg einer Auslandsbeziehung immer entscheidet, ist die dortige **Kultur**, und wie wir damit zu Recht kommen. Dies gilt unabhängig davon, ob wir das Land eher aus der Sicht eines potenziellen Markts betrachten oder aber aus der Sicht eines Lieferanten.

Unser Verständnis von Zusammenarbeit, Vereinbarungen, aber auch Recht und Unrecht ist stark von christlichen und „abendländischen" Werten beeinflusst. Dieses Verständnis wird in fernöstlichen Ländern so nicht geteilt und häufig nicht einmal verstanden. Wir merken es teilweise auch in manchen osteuropäischen Regionen, in denen das Christentum so effektiv unterdrückt wurde, dass das gesamte Wertesystem verschoben wurde. Dort wird es Jahrzehnte dauern, bis wieder ein Wertesystem entsteht und gelebt wird, das Beziehungen auf eine anhaltende Basis stellt. Ähnlich verhält es sich in den chinesischen Metropolen, wo die klassischen buddhistischen Werte verschwunden sind, aber keinerlei Ersatz entstanden ist. In Ländern mit einem solchen Wertevakuum werden Sie häufiger auf Unternehmen treffen, denen es primär darum geht, Geld zu verdienen und Sie auszubeuten. Während das erste Ziel angemessen erscheint, sollten Sie sch vor Übervorteilung und Ausbeutung gut schützen.

Grundsätzlich bringen andere Kulturen andere Wertesystem, Traditionen und Gebräuche mit sich. Das äußert sich in Begrüßungsritualen, der **Kommunikation**, oder der Art und Weise, wie über Fehler und deren Korrekturen gesprochen wird. Beeinflusst sind damit Vertragsverhandlungen, Vereinbarungen und das Projektmanagement, bei dem es ja um eine klare Sprache geht. Freundlichkeit und Klarheit stehen beispielsweise in Asien in einem direktem Gegensatz. Ein „Ja" bedeutet dort nicht Zustimmung, sondern, dass man darüber nachdenkt. Nachfragen und Aussagen von Gesprächspartner, sollten Sie daher wiederholen lassen. Vereinbarungen soweit dies opportun ist (also nicht gleich am ersten Tag) sollten Sie schriftlich dokumentieren. Die schriftliche Dokumentation von Ergebnissen im Stile einer Prozessbeschreibung wird in China oder Indien gerne gesehen. Für beide Seiten erlaubt sie, dass man direkt am Bildschirm editiert (eventuell mit einem Projektor für eine größere Gruppe) und damit zu einem gemeinsamen Verständnis kommt.

Wertevorstellungen differieren je nach Kultur, wie wir es bereits innerhalb Europas kennen. Pünktlichkeit oder die Aussagekraft von Vereinbarungen sind in kaum einem anderen Land so stark ausgeprägt, wie in Deutschland. Andererseits nehmen uns die entsprechenden Menschen im Ausland oftmals als zwanghaft prozessorientiert und formal war. Eine Absprache muss keineswegs immer schriftlich sein, und es kann einen Partner bereits empfindlich stören, wenn Sie bei Kleinigkeiten auf der Schriftform bestehen.

Ein wesentliche Herausforderung in der direkten Zusammenarbeit stellt das sehr unterschiedliche Persönlichkeitsverständnis in Asien dar. Während das Christentum den Westen sehr stark individualisiert hat mit der Konsequenz, dass oftmals Einzelkämpfer im Vordergrund stehen, herrscht in Asien eine starke Gruppenbetonung vor. Die Auswirkungen sind mannigfaltig und oftmals erst durch dieses Grundverständnis überhaupt nachvollziehbar. Beispielsweise wird man in China oder Japan zwar sehr strenge Rituale hinsichtlich der gesellschaftlichen Position finden, aber dafür innerhalb einer Gruppe eine Nähe und Vertrautheit beobachten, die uns fremd ist. **Vertraulichkeit** ist ein Fremdwort. Vertrauliche Kommunikation – gerade auch auf dem Schriftweg – ist nahezu unmöglich. Bedingt durch die sehr eng verbundene Gesellschaft, gibt es kaum Privatsphäre. E-Mails oder Dokumente darf jeder lesen – und sei es nur zur eigenen Fortbildung. Datenschutz-Standards müssen Sie daher rigoros einklagen und auditieren.

Ganz langsam beobachtet man in diesen Ländern allerdings, wie in Indien oder Singapur bereits seit einigen Jahren, eine „Verwestlichung", vor allem der Mittelschicht. Das führt zwar zu einem Einheitsbrei von Bräuchen und Verhaltensweisen, erleichtert aber das Verständnis. Man sollte diese eher westlichen Verhaltensweisen allerdings nicht überbewerten. Es handelt sich ganz klar um einen „Proxy", der die Kommunikation erleichtert – und nicht um eine größere persönliche Nähe oder Vertrauen.

Indien

Indien ist seit Jahren das attraktivste Land für Offshore-Outsourcing der IT oder Softwareentwicklung. Das hat viele Gründe, vor allem die englische Sprache, das politische und wirtschaftliche Interesse des Lands an genau diesem Markt, die gelieferte Qualität, die weltweit nahezu konkurrenzlos günstigen Preise (20-30 Prozent auf der Basis einer IT-Arbeitsstunde in Deutschland) sowie eine Kultur, die mit unserer westlichen Kultur umzugehen versteht. Nach einer Vorhersage von Deloitte & Touche können indische IT-Dienstleister innerhalb der nächsten fünf Jahre bis zu 20 Prozent der IT-Ausgaben deutscher Unternehmen akquirieren. Für 90 Prozent der amerikanischen Unternehmen und knapp 50 Prozent der europäischen Unternehmen ist Indien nach einer Studie von A.T.Kearney der klar favorisierte Standort für Offshoring. Inzwischen machen Dienstleistungen die Hälfte des BIP in Indien aus – ein Anteil, der typisch für ein entwickeltes Land ist!

Das Hauptproblem in Indien ist die sehr **unausgewogene Arbeits- und damit Wohlstandsverteilung**. Wenige gut verdienende Menschen schotten sich gegen die überall sichtbare Armut ab. Weit über ein Drittel der Bevölkerung muss mit weniger als einem Euro pro Tag auskommen. Die Infrastruktur liegt am Boden, so dass normale Taxifahrten oder auch die Stromversorgung und die Telekommunikation vor allem für Neulinge zu einem regelrechten Abenteuer werden können. Überbordende Bürokratie und Korruption sowie eine auf nur sehr langsame Änderungen achtende Regierung tragen zur Lähmung zusätzlich bei.

Allerdings gewinnt Indien langsam an Fahrt, vor allem mit der Öffnung für ausländische Investments und dem Druck der Weltbank auf Infrastrukturverbesserungen. Hier zeigt sich auch der Nutzen des Benchmarks, den Indien seit kurzem direkt mit China als wichtigstem lokalen Partner durchführt. Beide Länder haben die klar erklärte Ambition, zusammen das **asiatische Jahrhundert** zu prägen und den weltweiten Softwaremarkt zu dominieren.

Die Wachstumsrate im Software-Outsourcing nach Indien beträgt 20-30 Prozent pro Jahr. Der indische Lieferantenmarkt wird durch wenige sehr große Unternehmen dominiert. 25 Prozent des IT-Umsatzes entfällt auf die drei Unternehmen Tata, Infosys und Wipro. Heute wachsen in Indien vor allem Forschung und Produktentwicklung am stärksten. Hintergrund sind gutes Projektmanagement, Qualitätsfokus, geringer Zeitzonenunterschied von nur dreieinhalb Stunden, sehr flexible Arbeitszeiten und ein riesiger Ressourcenpool mit guter Software-Kompetenz. Auch die Entwicklung von Hardware und Firmware wird heute nach Indien ausgelagert. Dies begann bereits 1985 mit TI. Heute entwickeln TI oder AMD in Indien sogar Prozessoren.

Die in Anzahl und Fähigkeiten stark wachsenden indischen IT-Arbeitskräfte sind der wichtigste Faktor im globalen Wachstum als Outsourcing-Lieferant. Bereits heute gibt es in Indien über 2 Millionen Softwareentwickler, und ihre Zahl wächst mit 15 Prozent Wachstumsrate absolut gesehen sechsmal schneller als in China. Da aber selbst diese hohe Wachstumsrate im Vergleich zum weiteren Anwachsen der Outsourcing-Dienstleistungen in Indien etwas zu gering ist, haben die großen indischen Lieferanten bereits damit begonnen, ihrerseits Arbeiten in andere asiatische Länder auszulagern.

Die **hohe Prozessorientierung in Indien** ist schon fast Legende. Kein Land hat eine derartig hohe Dichte von Unternehmen auf dem Reifegrad 5 des Capability Maturity Modells. Wiewohl westliche Beobachter diese Prozessorientierung gerne auf einen religiösen oder kulturellen Hintergrund schieben, tun wir uns damit keinen großen Gefallen, bedeutet es doch nichts anderes als dass man Software aus Prinzip und aufgrund historischer Entwicklungen eben in Indien entwickeln muss. Der Grund indessen ist vor allem das Verständnis indischer Softwareentwickler, dass **Qualität der einzige anhaltende Wettbewerbsvorteil in einem extrem globalisierten Geschäft ist**. Ähnlich wie japanische und koreanische Unternehmen in den siebziger Jahren die Qualitätssicherung nicht selbst erfunden haben, sondern aus den USA exportierten, als dort nach dem zweiten Weltkrieg eine extreme Arroganz hinsichtlich qualitativ guter Produkte herrschte, taten dies indische Softwarekonzerne mit Verfahren der Softwarequalität. Dies erklärt auch, weshalb Watts Humphrey, der das CMM ursprünglich für das SEI am amerikanischen Markt einführte, noch Jahre nach seiner Pensionierung ein Institut zur Software-Qualitätsverbesserung in Indien leitete.

Die speziellen **Risiken des Outsourcing nach Indien** sind wie folgt:

- *Risiko*: Extrem kurze Kündigungsfristen. Neue Mitarbeiter können am nächsten Tag beginnen – aber auch die Firma verlassen.
  Abschwächung des Risikos: Mitarbeitermotivation gezielt verbes-

sern. Markt und Personalanzeigen in der Region/Stadt exakt beobachten, um ein Gefühl für Trends zu erhalten.

- *Risiko*: Lockerer Umgang mit Sicherheit. Selbst führende Lieferanten haben nicht unsere gewohnten Standards, wenn es um Feuerschutz, Datensicherheit oder Datenschutz geht.
  Abschwächung des Risikos: Eigene Standards und Vorschriften durchsetzen (muss verhandelt werden) und bestehende Infrastruktur und deren Effektivität auditieren lassen. Falls nötig, Versicherungen abschließen lassen.
- *Risiko*: Lock-in des Kunden durch zunehmende Abhängigkeit und steigende Preise. Wegen der anhaltend starken Nachfrage nach guten Entwicklern steigen deren Löhne und damit die Preise.
  Abschwächung des Risikos: Verträge längerfristig schließen und hin zu einer Partnerschaft mit dem Lieferanten arbeiten. Ausstiegsoptionen aus dem Vertrag vorbereiten (vertraglich und durch entsprechende interne Prozesse).

China

China hat den größten Arbeitsmarkt der Welt. Geopolitisch sieht man momentan eine rasche Verschiebung von Kräften und Einflüssen in Richtung von China. Bis 2008 wird China Deutschland als drittgrößte Industrienation abgelöst haben. Nach 250 Jahren (denn auch im 18 Jahrhundert war China der führende Wirtschaftsraum) kann man aus heutiger Sicht davon ausgehen, dass China ein weiteres Mal zur weltweit wichtigsten Kraft wird. Eine auf kontinuierliches und anhaltendes Wachstum ausgerichtete Politik und Führung des Lands wird zwar nicht sofort den Status als Entwicklungsland komplett ablegen können, ist aber darauf bedacht, in ausgewählten Bereichen (lokal und wirtschaftlich gesehen) eine führende Rolle einzunehmen. Die vier wesentlichen Gründe dafür wurden seit den achtziger Jahren geschaffen und sind die Ermöglichung von Privatbesitz, die Öffnung für ausländische Investments, der Beitritt zur WTO und die Nutzung des Internets.

Seit kurzem hat China die **Zusammenarbeit mit Indien** verstärkt, die früheren Rivalitäten für beendet erklärt und darauf hingewiesen, dass nur die beiden Länder zusammen das asiatische Jahrhundert anführen können. Die Tragweite dieser politischen Entscheidung wird klar, wenn man bedenkt, dass China und Indien gemeinsam ein Drittel der Weltbevölkerung stellen. Indien und China haben heute mehr

Softwareentwickler als die USA, und ihre Zahl wächst mit ungefähr 20 Prozent pro Jahr an. Damit ist klar, dass Software in Zukunft fast ausschließlich in diesen beiden Ländern entwickelt wird. **Die Märkte und Produkte der Zukunft werden in Indien und China entschieden und produziert.** Das Outsourcing muss sich diesem Trend anpassen und sei es nicht wegen der Arbeitskosten, dann vor allem wegen der immensen Bedeutung der lokalen Märkte.

Während China bis in die achtziger Jahre des vergangenen Jahrhunderts hinein eher abgeschottet war und sehr große Eintrittsschwellen schon aufgrund der Sprache hatte, hat sich dies mit den Reformen seither schnell und kontinuierlich gewandelt. Bisher galt China als die Hardware-Manufaktur der Welt, und Indien war die Software-Manufaktur. Diese einfache Teilung beginnt sich zu ändern. In den vergangenen zehn Jahren hat sich der Export von hochwertigen Gütern aus China mehr als verdoppelt und beträgt heute bereits 40 Prozent am Gesamtexport. Große indische Softwarehäuser haben Niederlassungen in China gestartet und übernehmen ganz gezielt die dort eher fragmentierten Kleinunternehmen, um den weltweit verfügbaren Ressourcenpool für IT-Outsourcing groß zu halten. Auf der anderen Seite haben die großen chinesischen IT-Unternehmen, wie Huawei und ZTE im Telekommunikationssektor damit begonnen, Software nach Indien auszulagern – bleiben also dem Klischee aus Gründen der besseren Verfügbarkeit von Ressourcen verhaftet.

Die wichtigsten Regionen der chinesischen Softwareentwicklung sind Beijing, Shanghai, Chengdu, Nanjing und Hangzhou. Ansiedlungen in diese Städte werden durch Wirtschaftsprogramme gefördert. Es lohnt sich durchaus, abseits vom allseits bekannten und illustren Shanghai zu suchen. Beispielsweise bietet Chengdu einen sehr viel größeren Ressourcenpool zu Kosten, die bis zu 20 Prozent unterhalb jener an der Ostküste liegen.

China bietet momentan **vergleichsweise geringe Kosten im IT-Sektor**, aber man muss mit sehr viel höheren Transaktionskosten rechnen, als dies bei einem indischen Lieferanten der Fall ist. Die geringen direkten Arbeitskosten in China werden regelmäßig durch unvorhergesehene Zusatzkosten stark erhöht (z.B. kompliziertes Schnittstellenmanagement, viele Führungskräfte, Übersetzungen). Heutzutage investieren ausländische IT-Unternehmen aus zwei Gründen in China, wegen des großen Arbeitsmarkts mit niedrigen Kosten und wegen des schnell wachsenden inländischen Wirtschaftsraums.

Anders als in Indien gibt es in China keine großen Softwarehäuser, mit Offshoring als Kernkompetenz. **Die Softwareindustrie in China ist bisher sehr fragmentiert**. Es gibt keine großen Namen, die als Lieferanten weltweit in Erscheinung treten. Der durchschnittliche Umsatz pro IT-Dienstleister liegt in China bei rund einer Million Euro, während es in Indien über fünf Millionen Euro sind. Kein Wunder ist es daher, dass die großen indische Anbieter zunehmend versuchen, Niederlassungen in China aufzubauen, um damit ihr eigenes globales Potenzial zu erweitern.

Die Mitarbeiter in chinesischen Unternehmen – egal ob es sich um lokale oder internationale Unternehmen handelt – sind ihrem Arbeitgeber gegenüber sehr viel loyaler eingestellt, als dies beispielsweise in Indien oder den USA der Fall ist. Man wechselt nicht schnell das Unternehmen, um seinen Lebenslauf zu aufzupolieren. Auch bleiben die meisten Mitarbeiter langfristig in China und in der Region, wo sie arbeiten und wo ihre Familie lebt. Nur wenige Chinesen sprechen englisch. Der Anteil ist allerdings an der Ostküste und in den bedeutenden Wirtschaftsräumen höher und wächst insgesamt schnell an. Bereits heute ist Englisch die wichtigste Fremdsprache und an praktisch allen Universitäten mit Ingenieurausbildung lernen die Studenten, englisch zu kommunizieren.

Ein großer Vorteil in China ist, dass die dortigen Mitarbeiter **extrem lernbereit** sind und sich leicht führen lassen. Die Anzahl von Forschern liegt bereits heute in China höher als in Japan und wird in nächster Zukunft auf das Niveau der EU kommen. Das hat natürlich einen Hintergrund, der sofort einleuchtet, wenn man die unterschiedlichen Strategien von Indien und China betrachtet. Indien hat langjährige Erfahrungen im IT-Servicegeschäft und will diese Rolle global ausbauen. China sieht sich dagegen nicht als Outsourcing-Land, sondern will primär eigene Skills und eigene Geschäfte aufbauen. So ist es kein Wunder, dass China und chinesische Unternehmen immer wieder die Handels- und Geschäftsbeziehungen radikal ändern, wenn es für die eigene Strategie und Entwicklung opportun erscheint. Die chinesische Führung unterstützt diese Entwicklung mit ihrem „vier mehr – vier weniger“ Paradigma, das vereinfacht gesagt darauf hinausläuft, dass China mehr Basistechnologien besitzen will und weniger Kundenanpassungen, mehr lokale Entwicklungen und weniger Wartungsarbeiten, mehr globale Zusammenarbeit und Joint Ventures und weniger Verarbeitung, sowie mehr internationalen Transfer von Patenten und Schutzrechten und weniger internen chinesischem Wissenstransfer.

Daher hat auch **die China-Euphorie in der deutschen Wirtschaft nachgelassen**. Heute geht man nicht mehr nach China (falls dies irgendwann einmal der Fall war), um schnell Geld zu verdienen, sondern um Märkte zu erschließen und dort lokal Umsatz zu machen. Was zählt, sind lokale Erfolge und Marktanteile, und selbst ein operativer Verlust wird mit diesem Verständnis an den westlichen Börsen bei wachsenden Marktanteilen mit Kurswachstum belohnt. Man muss in China mitspielen, um seine Bedeutung als Unternehmen weltweit nicht zu verlieren.

Die speziellen **Outsourcing-Risiken in China** sind die folgenden:

- *Risiko*: Sprachliche Barrieren. Viele Entwickler und Manager auf den unteren Ebenen verstehen nur unzureichend Englisch.
  Abschwächung des Risikos: Lokale Übersetzungsservices vorhalten. Mitarbeiter auch anhand der Englischkenntnisse auswählen, vor allem die Führungskräfte. Bei wichtigen Vereinbarungen, Präsentationen und Verträgen sollten sie unbedingt einen lokalen, neutralen Übersetzungsservice einschalten. Bis 2010 wird die Sprachbarriere verschwunden sein.
- *Risiko*: Kulturelle Barrieren. Starke Hierarchien und die top-down Durchsetzung von Entscheidungen führen dazu, dass Ineffizienzen und Probleme unerkannt bleiben. Verwechslung von Freundlichkeit mit Übereinstimmung (beispielsweise wird ein schriftliches oder mündliches „Ja" gerne mit einer Zustimmung verwechselt, obwohl es nur bedeutet, dass der Gegenüber Ihre Gedanken verstanden hat).
  Abschwächung des Risikos: Bauen Sie über eine längere Vorbereitungszeit intensive Netzwerke mit politischen, wirtschaftlichen und wissenschaftlichen Repräsentanten in China auf, die vielleicht irgendwann einmal nützlich werden können. Seien Sie vor Ort präsent, um schrittweise westliche Managementtechniken einzuführen. Kulturelles Verstehen basiert auf sprachlichem Verstehen. Verbessern Sie das gegenseitige Verstehen und hinterfragen Sie in kritischen Situationen, ob (und was) alles verstanden wurde. Vor allem Kenntnisse in Projektmanagement (Planung und Verfolgung) und Produktmanagement müssen gestärkt werden. Belohnen Sie jene Mitarbeiter und Projektleiter, die rechtzeitig auf Risiken und Fehler aufmerksam machen, da dies nicht normal ist und für die betroffenen Mitarbeiter zu einer persönlichen und unter-

nehmensweiten Herausforderung wird. Die verschiedenen Hierarchiestufen im lokalen chinesischen Management müssen bei Transaktionen und Entscheidungen individuell (und häufig bottom-up) berücksichtigt werden. Die Entscheidungen werden zwar an der Spitze getroffen, aber in der Regel nur, wenn die jeweils niedrigere Ebene damit übereinstimmt. Arroganz, Dominanz und Ungeduld müssen unterbleiben, oder man wird nicht ernst genommen.

- *Risiko*: Bestechung und falsch interpretierte Geschenke. Mangelndes Verständnis von „Guanxi“. „**Guanxi**“ bezeichnet das Netzwerk persönlicher Beziehungen, das praktisch alle Entscheidungen beeinflusst. Verträge und Absprachen werden nur als eine Richtschnur gesehen, von der im Zweifelsfall abgewichen werden darf. Angemessene Geschenke und andere Aufmerksamkeiten dienen dem Ausdruck des Verständnisses von Guanxi.
  Abschwächung des Risikos: Lernen Sie Guanxi im Kontext verschiedener Entscheidungen und Personengruppen zu bewerten. Machen Sie keineswegs den Fehler, mit wohlgemeinten aber falsch verstandenen Geschenken ihre Partner überzeugen zu wollen. Guanxi ist wie ein Bankkonto, das graduell aufgefüllt und genutzt wird. Als Ausländer muss man zuerst die Kultur verstehen und als offen für China und die Menschen verstanden werden, bevor dieses Instrument eingesetzt werden darf. Holen Sie sich Rat, wie die „Währung“ Guanxi in verschiedenen Situationen umgerechnet wird, um nicht in den Verdacht der Bestechung oder Bestechlichkeit zu kommen. Stellen Sie klare Richtlinien auf, was Geschenke und Bezahlungen anbelangt (z. B. Genehmigungsweg), die auch für ihre chinesischen Mitarbeiter gelten.
- *Risiko*: Lockerer Umgang mit geistigem Eigentum. Chinesische Unternehmen sind sehr durchlässig. Jeglicher schriftliche Verkehr wird von Personen gelesen, die nicht als Zielgruppe gemeint waren. Oftmals scharen sich Mitarbeiter um den Abteilungsdrucker, um direkt zu lesen, was ausgespuckt wird. Dies hat zumeist nichts mit Spionage zu tun, sondern nur mit wohlgemeinter Weiterbildung – obwohl der Effekt natürlich ein ähnlicher sein kann.
  Abschwächung des Risikos: Geheime Vorgänge und kritische Technologien nicht kommunizieren. China ist Mitglied der WTO, was einen gewissen Mindeststandard an Schutzrechten sogar einklagbar macht. Allerdings gilt dies eher publikumswirksam bei raubkopierten CDs und Filmen, die auch einmal öffentlich vernichtet wer-

den, und weniger bei Software. Schließen Sie entsprechende Verträge ab und lassen Sie deren Einhaltung vor Ort prüfen.

Osteuropa

Osteuropa inklusive Russland rückt zunehmend ins Zentrum von Outsourcing-Engagements und hat heute zweistelligen Wachstumsraten im Softwaregeschäft. Innerhalb von Osteuropa hat Polen die größte Wachstumsrate von allen Ländern. Der Marktanteil von deutschen Unternehmen innerhalb des Outsourcing nach Osteuropa ist überraschenderweise noch relativ schwach (Ausnahme Großkonzerne). Der Anteil von Outsourcing nach Osteuropa wächst allerdings sehr schnell, mit Polen und Tschechien an der Spitze. Dahinter folgen die Slowakei, Russland und die Türkei.

Osteuropa hat traditionell einen **guten Ausbildungsgrad und einen hohen Ingenieuranteil** unter der Bevölkerung. Beispielsweise hat Russland mit 0,5 Prozent den weltweit dritthöchsten Ingenieuranteil. Die Hälfte der Schulabgänger studieren Natur- oder Ingenieurwissenschaften. Japan und USA sind bereits seit Jahren in Russland engagiert, vor allem weil russische Informatiker traditionell sehr großes formales Interesse haben und eine hervorragende Qualität liefern.

Die **IT ist der am schnellsten wachsende Wirtschaftszweig in Osteuropa**. Die russische Softwareindustrie beispielsweise wächst mit 20 Prozent jährlich. Der Umsatz pro Unternehmen ist bereits heute auf der gleichen Ebene wie in Indien und damit um einiges höher als in China. Man braucht in dieser Region also keine Fragmentierung zu befürchten; ganz im Gegenteil: Es wird in Osteuropa zu ähnlichen Konzentrationen kommen, wie im Westen. Der Staat fördert diese Entwicklung durch Freihandelszonen und Steuererleichterungen sowie durch Programme, welche die Ansiedlung von Unternehmen erleichtern. Anders als in Indien sind die meisten Softwareunternehmen Neugründungen nach dem Jahre 2000. Diese Firmen sind klein, jung, agil und werden modern geführt. Die alten Systemintegratoren der achtziger Jahre gibt es nicht mehr. Osteuropäische Unternehmen sind aufgrund einer kulturellen und räumlichen Nähe durchaus an längerfristigen Partnerschaften interessiert und stellen sich stark auf Sie als Partner ein. Die wichtigsten Regionen der Softwareentwicklung in Russland sind Moskau, St. Petersburg, Novosibirsk sowie Nizhny Nowgorod.

Das **große Wachstum dieser Region** im Vergleich zu Asien als IT-Lieferant für Deutschland liegt einerseits an der geringeren Zeitzonendifferenz und dem großen ungenutzten Ressourcenreservoir, aber auch an der Gesetzgebung zum Schutz ausländischer Investitionen und zum Schutz des geistigen Eigentums, die besser ist als in vielen asiatischen Ländern.

Osteuropäische Lieferanten haben ihren guten Ruf daher, dass Sie verlässlich alle Kundenvorgaben abarbeiten und dabei keine Hintergedanken haben, wie man sie von Lieferanten in anderen Regionen kennt, wo oftmals auch Schutzrechte verletzt werden, da sich die IT-Servicedienstleister zu einem unabhängigen Produktlieferanten (und damit Wettbewerber) entwickeln wollen. Zudem haben sie im Vergleich zu indischen oder auch amerikanischen Lieferanten eine hohe Verbleibzeit der Mitarbeiter im Unternehmen. Viele amerikanische Unternehmen haben daher sogar bereits damit begonnen, gezielt osteuropäische Softwarehäuser zu kaufen und in die amerikanischen Stammhäuser zu integrieren, um die eigenen hohen Fluktuationsraten zu kompensieren.

Die besonderen **Risiken beim Outsourcing nach Osteuropa** sind die folgenden:

- *Risiko*: Durch die vielen Unternehmen ist der Markt unübersichtlich und kaum bekannt. Es ist schwer, Lieferanten zu finden und zu bewerten. Unternehmen sind in der Regel nur lokal präsent, so dass operative Schnittstellen komplex werden können.
  Abschwächung des Risikos: Unbedingt vor Ort und mithilfe einer Handelskammer suchen. Niemals als kleines Unternehmen auf eigene Faust Verträge unterschreiben, da die Vertragspartner instabil sein können. Klare Entscheidungswege und Schnittstellen etablieren. Russische Unternehmen wachsen in ihrer Bedeutung als Outsourcing-Lieferanten für Deutschland rasch an und man kann in wenigen Jahren mit so bekannten Namen rechnen, wie heute nur in Indien, Westeuropa und den USA.
- *Risiko*: Wenig Erfahrung im Management von Offshore-Softwareentwicklung. Während die Flexibilität und die absolute Kundenorientierung einen großen Vorteil darstellen, kann dies bei unzureichenden Prozessen auf der Kundenseite zurückschlagen. Unternehmen liefern, was verlangt wird, und das kann auch das falsche sein. Unzureichende Spezifikationen werden spät entdeckt.
  Abschwächung des Risikos: Bereiten Sie die eigenen Systemanalysen und Spezifikationen sehr exakt vor. Trainieren Sie das dortige

Management und die Mitarbeiter in den Kommunikations- und Managementkompetenzen, die Ihnen wichtig erscheinen und auf die Sie sich verlassen können müssen. Lassen Sie die Spezifikationen vor Ort beim Lieferanten auf Verständlichkeit prüfen. Setzen Sie Spezifikationsmodelle ein, denn dafür ist in Osteuropa immer die Basis vorhanden, und sie erleichtern die Überprüfung einer Spezifikation oder eines Designs. Überwachen Sie Zwischenergebnisse und lassen Sie inkrementell oder iterativ entwickeln, damit falsche Entwicklungen schnell erkannt und korrigiert werden können. Zunehmend wird das CMMI in Osteuropa eingesetzt, so dass dieses Risiko an Bedeutung verliert.

- *Risiko*: Die lokalen Ressourcenangebote sind anders als in Indien oder China begrenzt. Zudem führt die räumliche Nähe zum teuren Westen zu unkalkulierbaren Preisentwicklungen. Beides kann dazu führen, dass sich Regionen in ihrer Popularität schnell ändern und sowohl die mittelfristigen Kosten als auch die Verfügbarkeit von geschulten Mitarbeitern nur schwer vorherzusagen sind.
  Abschwächung des Risikos: Soweit Sie den Ressourcenbedarf planen können (gilt sowohl für das taktische als auch für das strategische Outsourcing), sollten Sie mit einem osteuropäischen Lieferanten einen Rahmenvertrag über einige Jahre abschließen. Damit können Sie von der Lernkurve der dortigen Mitarbeiter profitieren und müssen nicht ständig neue Mitarbeiter anlernen, wie dies in Indien aufgrund der hohen Fluktuationen oftmals der Fall ist. Arbeiten sie mit einer Region, die nicht im direkten Einzugsbereich von teueren westlichen Ländern liegt.

Checkliste: Welche Region passt am besten?

Wir können hier nicht alle möglichen Zielländer und -regionen betrachten und haben nur die für Deutschland wichtigsten näher beschrieben. Dennoch sollten Sie eine Checkliste in der Hinterhand haben, um abzuklopfen, ob ein Land wirklich Ihren Bedürfnissen entspricht, oder ob es nur deshalb in die engeren Wahl kam, weil die Familie Ihres Chefs oder Eigentümers dort gerne Urlaub macht.

Die folgende Tabelle vergleicht verschiedene Kriterien, die Sie nach Ihrem eigenen Bedarf gewichten müssen. Wenn beispielsweise die Kosten der Hauptgrund für das IT-Outsourcing sind, dann müssen Sie diese Zeile im Vergleich zu allen anderen stark gewichten. Die wichtigsten Lieferantenländer sind aufgeführt, wobei Irland explizit aus Westeuropa herausgetrennt ist, genauso wie Russland nicht innerhalb der Rubrik Osteuropa berücksichtigt wird. Dies liegt an der individuellen Bedeutung, die diese beiden Länder in vielen Outsourcing-Evaluationen haben. Falls Sie in Ihrem Unternehmen hinreichend Englisch sprechen und verstehen können, sind die lokalen Deutschkenntnisse von untergeordnetem Interesse.

Die Quellen für die Daten sind spezifische Länderreports von Ernst & Young, DB Research, Aberdeen Group, WTO und PRTM. Das qualitative Ranking ist etwas grob, veranschaulicht aber die vorherrschenden Trends im Land. Manche Male wird man in einer spezifischen Stadt oder Region Abweichungen vom generellen Klima feststellen können. Beispielsweise spricht man in Osteuropa in vielen Gegenden noch oder bereits wieder hervorragend deutsch, wie beispielsweise in der Slowakei. Die Infrastruktur in China ist in den Metropolen, vor allem in Shanghai hervorragend, während sie einige Kilometer außerhalb bereits stark abfällt. Auch in Indien stellt Bangalore sicherlich eine Ausnahme in vielerlei Beziehung dar, denn es ist so ziemlich die Hauptstadt des Outsourcing.

Kriterium	Gewicht	West-europa	Ost-europa	Russ-land	Irland	Israel	Indien	China	Philip-pinen	Singa-pur	Nord-afrika
Zeitunterschied	....	Null	Gering	Mittel	Gering	Gering	Mittel	Hoch	Hoch	Hoch	Gering
Kosten pro Arbeits-stunde	....	Hoch	Mittel	Gering	Hoch	Hoch	Gering	Gering	Gering	Mittel	Mittel
Mitarbeiterfluktuation	....	Mittel	Mittel	Gering	Mittel	Mittel	Hoch	Gering	Gering	Mittel	Gering
Prozessfähigkeit/ Qualität	....	Mittel	Gering	Mittel	Gering	Gering	Hoch	Mittel	Mittel	Gering	Gering
Fähigkeiten/Training	....	Gut	Mittel	Mittel	Gut	Gut	Mittel	Mittel	Mittel	Gut	Mittel
Steuervorteile	....	Keine	Mittel	Mittel	Mittel	Klein	Hoch	Hoch	Mittel	Mittel	Mittel
Infrastruktur	....	Gut	Mittel	Mittel	Gut	Gut	Gering	Mittel	Mittel	Gut	Mittel
Deutschkenntnisse	....	Mittel	Mittel	Gering	Gering	Gering	Gering	Gering	Gering	Gering	Gering
Englischkenntnisse	....	Git	Mittel	Gering	Gut	Gut	Gut	Gering	Mittel	Gut	Gering
Rechtssicherheit/ Stabilität	....	Gut	Mittel	Gering	Gut	Gut	Mittel	Gering	Mittel	Gut	Mittel
Schutzrechte/Patente	....	Gut	Mittel	Mittel	Gut	Mittel	Gering	Gering	Mittel	Gut	Mittel
Politische Stabilität	....	Gut	Gut	Mittel	Gut	Mittel	Gering	Gut	Mittel	Gut	Mittel
Geschäftsklima/ Lieferantenmarkt	....	Gut	Gut	Mittel	Gut	Gut	Gut	Gering	Mittel	Gut	Gering
Bewertung	N/a	....	....	....	....	....	....	....	....	....	....

Lieferantenmanagement

Outsourcing im Produkt-Lebenszyklus

Nach der grundlegenden Entscheidung zum Outsourcing und der Auswahl eines Lieferanten sowie einer Region (im Falle des Offshoring), geht es in diesem Kapitel um das Management des Lieferanten. Zunächst wollen wir den idealtypischen Lebenszyklus eines Produkts oder einer Lösung betrachten. Innerhalb dieses Produktlebenslaufs (nicht zu verwechseln mit dem Outsourcing-Prozess selbst, den wir erst im nächsten Kapitel betrachten) ist leicht zu erkennen, für welche Phasen oder Tätigkeiten Outsourcing-Lieferanten zum Einsatz kommen.

Der Produktlebenszyklus – egal ob es sich um eine Softwareanwendung, eine Dienstleistung oder um in ein Hardwaresystem eingebettete Software handelt – besteht aus vier Phasen, nämlich einer Planungs- und Konzeptionsphase, der Produktentwicklung, der Betriebs- und Wartungsphase sowie einem Lebensende.

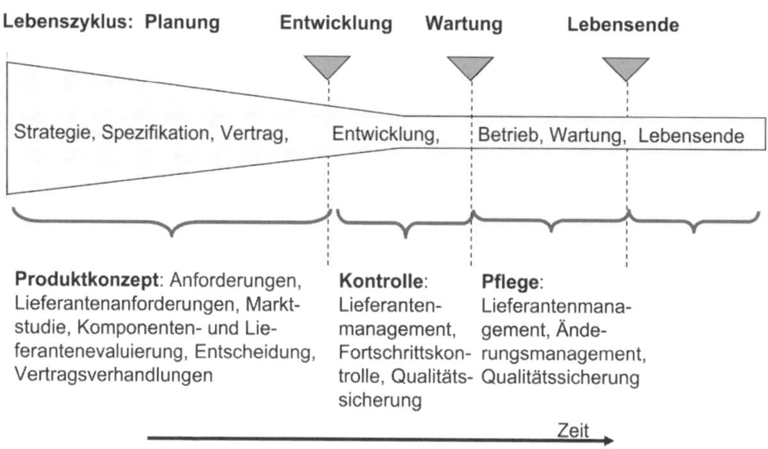

Lieferanten werden in der Regel entweder in der Entwicklungsphase oder in der Wartungsphase eingesetzt. In Ausnahmefällen werden Sie bereits in der Planungsphase hinzugezogen, vor allem wenn es um komplexe Systeme geht, die vom Lieferanten zu entwickeln sind, oder aber wenn man die gesamte Produktentwicklung auslagern will.

Jede dieser Phasen stellt besondere Ansprüche an das Lieferantenmanagement. Wir wollen hier vom Normalfall ausgehen, dass es sich bereits in der Planungsphase eines Produkts (oder des Projekts, das zum Produkt führen wird) abschätzen lässt, dass Outsourcing zum Einsatz kommt. Sollte dies erst später klar werden, müssen einige der Schritte, die wir nun zeitlich und inhaltlich entzerren, zusammengefasst und nachgeholt werden. Die hier genannten Aktivitäten um das Lieferantenmanagement sind immer nötig, selbst wenn sie erst während der Entwicklungs- oder Wartungsphase gestartet werden.

1. Planungsphase: Grundsätzlich muss in jedem Entwicklungs- oder Integrationsprojekt zuerst – und zwingend vor Projektstart – geklärt werden, ob Teile der Entwicklung ausgelagert werden. Sollte nur die spätere Wartungsphase ausgelagert werden, kann dieser Schritt verzögert werden. Wichtig ist in dieser Phase die Klärung der Anforderungen an das Outsourcing.

Die Lieferantenauswahl erfolgt auf der Basis einer präzisen Beschreibungen der Anforderungen und Erwartungen. Selbst wenn Sie nachher gar kein Outsourcing machen, lernen Sie durch dieses Vorgehen sehr viel! Dokumentieren Sie in einer **Leistungsbeschreibung** (oder Lastenheft, engl. „Statement of Work") die Inhalte, Meilensteine und Randbedingungen des Projekts aus Ihrer Sicht. Spezifizieren Sie vor Beginn der Verhandlungen die Anforderungen an den Lieferanten und das Projekt im Detail und lassen Sie diese Aufgabe nicht durch den Lieferanten erledigen. Nehmen Sie diese Leistungsbeschreibung konsistent für die interne Strategieklärung, für externe Ausschreibungen und für Vertragsverhandlungen. Beachten Sie, dass Anforderungen nicht nur technisch und funktional sind, sondern auch nichttechnische Elemente beinhalten. Spezifizieren Sie beispielsweise auch die erwarteten Lieferantenbeziehungen, das Training, oder etwaige Presseverlautbarungen.

Ihr **Template für die Leistungsbeschreibung** sollte die folgenden Elemente enthalten:

- ☐ Rahmen der Arbeiten
- ☐ Technische und wirtschaftliche Ziele, Ergebnisse, Erwartungen
- ☐ Anforderungen und konkrete Qualitätsziele
- ☐ Aufwand- und Umfangsschätzungen
- ☐ Projektplan und Projektmanagement, Reviews
- ☐ Projektumfeld (Kunden, Märkte, Erwartungen, Partner, Abhängigkeiten im Projekt)

- □ Standards, Prozesse, Qualitätssicherung, Richtlinien, Werkzeuge
- □ Informationsmanagement, Dokumentation
- □ Verantwortungen, Aufgabenteilung
- □ Organisation und Management
- □ Kommunikation, Konfliktmanagement, Eskalation
- □ Kosten, Termine, Meilensteine, Verzugsleistungen
- □ Lieferung, konkrete Arbeitsergebnisse.

Achtung: Alle Anforderungen müssen konkret und messbar sein, um später die Basis für ein vertragswirksames SLA bilden zu können.

Aus den Anforderungen kann man ableiten, welche Lieferanten in Frage kommen. Soweit ein Rahmenvertrag mit einem bestimmten Lieferanten besteht, sollte er frühzeitig in die Planung mit einbezogen werden, um den Personaleinsatz abstimmen zu können. Falls es noch keinen bevorzugten Partner oder gar Rahmenvertrag gibt, beginnt mit diesem Dokument die formalisierte Lieferantenevaluierung und -auswahl. Die Lieferantenbewertung sollte verschiedene Dimensionen getrennt beleuchten, beispielsweise funktionale Anforderungen, nichtfunktionale Anforderungen, Wartungs- und Vertragsanforderungen, Lieferantenmanagement und Preis. Bewerten Sie unbedingt die Pläne des Lieferanten, der für Sie eine Lösung entwickelt. Oftmals sind unrealistische Dumpingangebote leicht zu erkennen. Prüfen Sie die Machbarkeit, Planungssicherheit, Kostenstruktur und Prozessfähigkeit des Lieferanten. Lassen Sie die Abschätzung (Aufwand, Dauer, etc.) auf beiden Seiten beurteilen, also durch Sie und durch den potenziellen Partner. Dazu bieten sich Schätzwerkzeuge an, die eine Erfahrungsdatenbank enthalten und es relativ leicht machen, vorliegende Pläne anhand der jeweiligen Randbedingungen zu evaluieren. Prüfen Sie Unstimmigkeiten im Detail, denn Sie werden merken, welche Kostenstrukturen der jeweilige Lieferant zugrunde legt und wie er kalkuliert. Derlei Einsichten werden Ihnen spätestens beim nächsten Mal helfen, wenn Sie die Leistungsbeschreibung und damit das Outsourcing anders strukturieren können.

Pro forma sollten Ihre Outsourcing-Lieferanten in Entwicklungsprojekten auf CMMI-Reifegrad 4 oder 5 stehen, um nicht ein zu chaotisches Verhalten in das Projekt hineinzubringen. Dann wird ein Vertrag geschlossen, der speziell für dieses Projekt beschreibt, welche Arbeiten der Lieferant übernimmt, in welcher Form sie geliefert werden, und welche Vorgaben (oder SLA) einzuhalten sind. Mit der Lieferantenbewertung wird auch das Risikomanagement auf Projektseite gestartet. Was ist das Lieferrisiko? Wie gehen Sie bei Lieferantenausfall vor? Welche Druckmittel haben Sie in der Hand, um den Lieferanten zur Pünktlichkeit zu bewegen? Wie werden Konflikte eskaliert und behoben? Welche Qualitätsanforderungen sind nötig?

Nach der Auswahl des Lieferanten erfolgt die **Vertragsgestaltung** exakt auf der Basis der Arbeitsspezifikation. Typischerweise wird ein **Rahmenvertrag** geschlossen (d.h. Tagessätze, Volumen, Fähigkeiten, Basisprozesse) und zusätzlich spezifische konkrete Lieferantenverträge (SLA, Akzeptanzkriterien).

2. Entwicklungsphase: Wenn Sie Software oder Dienstleistungen (z.B. für Entwicklung, Test oder Wartung) auslagern, brauchen Sie eine gute Projektkontrolle. Schreiben Sie standardisierte Projektkennzahlen vor, die Ihr Lieferant in allen Ihren Projekten einsetzen muss. Häufig ist allerdings der Lieferant besser als Sie aufgestellt. Zögern Sie dann nicht, seine Prozesse zu nutzen oder gar zu übernehmen. Treffen Sie sich mit Ihrem Lieferanten periodisch, um verbindliche Fortschritt-Reviews zu machen. Klären Sie rechtzeitig die Einhaltung von Schutzrechten an der entwickelten Software. Prüfen Sie die Verfügbarkeit und Funktionalität der Schnittstellen und Werkzeuge, mit denen beide Seiten zusammenarbeiten. Klären und schulen Sie den Lieferanten sowohl technisch als auch für Ihre Prozesse und Werkzeuge (z.B. Konfigurationsmanagement, Build-Management, Dokumentation, Checklisten, Codeanalyse, etc.). Sehen Sie bei ausgelagerten Entwicklungsaktivitäten Teillieferungen vor, die Ihre eigene Testmannschaft bereits frühzeitig prüfen kann. Soweit Kodierungsrichtlinien oder Schnittstellenspezifikationen erst in dieser Phase vollständig geklärt werden können, sollten Sie im Nachhinein noch verbindlich in das SLA festgeschrieben werden.

Nehmen Sie sich Zeit für die **Abnahme**, denn nach der formalen Übergabe sind Sie wieder alleine für die Software verantwortlich. Wird nur die Verifikation oder Validierung ausgelagert (z.B. Reviews, Integrationstests, Abnahmetests, Interoperabilitätstests), müssen Sie die Eingangsqualität auf Ihrer Seite für jede Lieferung explizit sicher stellen. Da dies nur sehr schwer möglich ist (und auch Zusatzkosten verursacht), raten wir von dieser Form des Outsourcing ab. Andernfalls wird die fehlerhafte Software hin- und hergespielt wie ein Tischtennisball. Versichern Sie daher bei einer teilweise ausgelagerter Softwareentwicklung immer, dass der Lieferant die volle Verantwortung von der Spezifikation bis zur Abnahme einer Komponente hat.

3. Betriebs- und Wartungsphase: Für diese Phase gibt es zwei grundsätzliche Muster des Outsourcing, nämlich die komplett ausgelagerte Wartung (Pflege und Weiterentwicklung eines Softwareprodukts oder Betrieb und Wartung von IT-Lösungen) oder aber der Betrieb eines Helpdesks mit Unterstützung der Diagnose und der Korrekturen. Im ersten Fall gehen Sie ähnlich vor, wie in den Schritten 1 und 2 beschrieben, also Anforderungen, Auswahl, Vertrag, Ausführung und Monitoring der Qualität und der SLAs. Beim Outsourcing einzelner Wartungsaktivitäten ist das SLA entsprechend zu detaillieren, damit beide Seiten hinreichend genau die Aufwände abschätzen können. In beiden Fällen (mit der Ausnahme, dass der Lieferant die Wartung direkt mit Ihren Kunden durchführt) muss der Lieferant sehr gut in Ihre eigene Lieferantenkette eingebunden werden. Arbeitet nicht nur der Lieferant am Code, sondern auch Sie oder ein zweiter Lieferant, ist es wichtig, dass Synchronisationen, Konfigurationsmanagement, Versionierung und Build-Management zusammenpassen. Schließlich sollten Fehler nicht nur im Wartungs-Release korrigiert werden, sondern auch in Folge-Releases nicht mehr auftreten.

Vertragliche Aspekte

Im Vorfeld des Vertrags verhandeln Sie formal auf der Basis von Anforderungen und SLA mit verschiedenen Lieferanten. Ihre eigene Outsourcing-Strategie liefert den Rahmen für diese Verhandlungen. Soweit es für Sie Neuland ist, stellen Sie ein internes Verhandlungsteam mit klaren Vorgaben auf. Benennen Sie auf Ihrer Seite einen Verhandlungsführer, der sich mit Einkauf und Outsourcing auskennt. Ziehen Sie externe Hilfe hinzu, wenn es Ihr erstes Outsourcing-Projekt ist. Untersuchen Sie verschiedene Vertragsformen und die jeweiligen Preise abhängig von Szenarios, die Sie aufgrund der Projektanforderungen machen können. Beispielsweise könnte das eine Szenario die komplette Entwicklung auslagern, während ein zweites nur bestimmte Arbeitspakete auslagert (z. B. dass Entwickler des Lieferanten von auswärts kodieren und testen). Prüfen Sie ein Szenario mit längerer Laufzeit, also die Arbeit an mehreren Versionen oder die Übernahme des Wartungsvertrags. Nehmen Sie unbedingt Ihren Business Case als Rechenbasis in die Verhandlungen. Pflegen Sie in Vertragsverhandlungen auch die gegenseitige Beziehung. Sie wollen den Lieferanten nicht ständig wie ein Hemd wechseln. Streben Sie Win-win-Lösungen an. Beachten Sie, dass es in Ihrem eigenen Interesse zu weiteren Projekten und Verträgen kommen kann. **Schlechte Lieferantenverhandlungen reduzieren den Wert des Outsourcing bereits vor Projektstart**.

Die Vertragsgestaltung hängt von Ihrer Arbeitsweise und den zu erwartenden Risiken ab. Der typische Vertrag ist ein **Festpreisvertrag**. Dabei liefert der Outsourcing-Partner genau definierte Inhalte (Anforderungen, SLA, etc.) zu einem bestimmten Termin. Das Risiko liegt beim Lieferanten. Bei größerem Volumen oder längerer Laufzeit werden Meilensteine mit definierten Ergebnissen genommen. Der Festpreisvertrag braucht exakt spezifizierte Anforderungen (worauf aber schon der Lieferant im eigenen Interesse besteht).

Für eine längere oder nicht exakt definierbare Zusammenarbeit werden globale Vereinbarungen als Rahmenvertrag getroffen und die Kosten sowie Gewinnmargen für konkrete Einzelergebnisse, Inkremente oder Zeitabschnitte vereinbart (z. B. Werkvertrag, Beratervertrag). Ihr Risiko dabei ist, dass die Kosten höher als geplant ausfallen können, da für den Lieferanten ein höheres Risiko besteht, dass er nur schwer kalkulierbare kleine Arbeiten übertragen bekommt. Oftmals beinhalten Rahmenverträge daher Klauseln, welche die Kosten pro Arbeitseinheit volumenabhängig beschreiben.

Verschiedene Vertragsmodelle weisen die auftretenden Risiken unterschiedlichen Parteien zu. Mit wachsendem Risiko für einen Vertragspartner wächst die Flexibilität für den anderen. In allen Fällen müssen Sie davon ausgehen, dass Änderungen zu Anforderungen extra kosten! Dies ist häufig Ihr Hauptrisiko im Outsourcing, da der Lieferant nur darauf wartet, dass sich etwas ändert, um dann alle Probleme darauf abzuladen.

Prüfen Sie genau, welche Vertragsform (z. B. Kaufvertrag mit festem Inhalt und Preis, Dienstleistungsvertrag mit unbekanntem Aufwand, Werkvertrag mit festem Preis) Ihren beiderseitigen Bedürfnissen und Ansprüchen am ehesten genügt. Wie viel Service, Pflege und Wartung benötigen Sie realistischerweise? Werden Sie durch den Vertrag von einem Lieferanten abhängig? Brauchen Sie einen Wartungsvertrag oder genügt eine Reparatur auf Einzelfehlerbasis? Welche Regressansprüche müssen Sie vertraglich festschreiben? **Zwingen Sie dem Lieferanten nie einen unrealistischen Plan oder einen nachteiligen Vertrag auf**. Am Ende spüren Sie es immer auch selbst, wenn Sie ihn übervorteilen wollten.

Die Vertragsunterzeichnung sollte mit dem Projektstart synchronisiert werden. Ein Lieferantenvertrag nützt wenig, wenn es schließlich

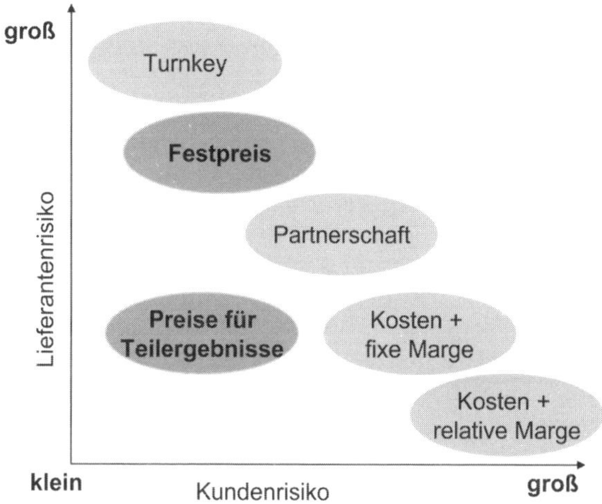

gar nicht zum gewünschten Projekt kommt, weil andere Punkte nicht geklärt waren. Lassen Sie sich ein terminiertes verbindliches Angebot ausstellen, um auf beiden Seiten (und auch bei Ihren Kunden) Planungs- und Budgetsicherheit zu gewährleisten. Der **Vertrag** umfasst verschiedene Komponenten, die miteinander verbunden sind und schrittweise in Kraft treten. Die erste Vertragsstufe ist ein **Vorvertrag**, der einen bestimmten Anteil des Vertragsvolumens freigibt, damit der Lieferant seinerseits mehr detaillierte Vorarbeiten leisten kann. Danach wird eine konkrete Spezifikation vereinbart, die alle Produkteigenschaften verbindlich beschreibt (so genannte Leistungsbeschreibung). Nun wird ein **Rahmenvertrag** geschlossen, dessen Volumen noch offen bleiben sollte (d.h. volumenabhängige Preisgestaltung), damit Sie die Zeit haben, Ihr Produkt zu positionieren und zu vermarkten.

Anschließend wird je nach Arbeitsintensität auf der Lieferantenseite ein **Kaufvertrag** oder ein **Dienstvertrag** geschlossen. Schätzen Sie offene Punkte ab, die erst nach Projektstart im Detail geklärt werden können. Es macht keinen Sinn und trägt nur zu späteren Problemen bei, wenn Sie Ihrem Lieferanten eigene Unsicherheiten verschweigen. Beschreiben Sie, ob und wie sich die Preisgestaltung dann noch ändern kann. Fairerweise sollten Sie ebenfalls festschreiben, wieweit sich die Inhalte bis zu welchem Zeitpunkt noch ändern dürfen. Eine Synchronisation Ihres Lebenszyklus mit jenem Ihres Lieferanten bietet sich bei Entwicklungsprojekten (Anwendungen, Produkte) an, um beispielsweise Schnittstellen-Reviews oder Integrationsarbeiten auf beiden Seiten planen zu können. Vereinbaren Sie eine **Abnahmeprozedur** mit Eskalation und Fehlerbehebungsvorgaben sowie Akzeptanzkriterien für die Abnahme, die für beide Seiten verbindlich sind. Beim Kaufvertrag verpflichtet sich der Verkäufer zu einer bestimmten Qualität, während sich der Käufer zur Abnahme und Bezahlung verpflichtet. Auf dieser Basis kann der Lieferant mit der Arbeit beginnen, während in Ihrem Projekt einige Inhalte noch geklärt werden. Eine solche Verkettung von Entwicklungsschritten erlaubt es Ihnen, einen Lieferanten auszuwählen und dort auch mit der Arbeit zu beginnen, bevor alle Anforderungen auf Ihrer Seite abschließend geklärt sind.

Ihre Checkliste des Vertrags sollte die folgenden Vertragselemente beachten:

- ☐ Technische Inhalte: Umfang der Arbeiten, Anforderungen, Arbeitspakete, Projektplan, Vorgehensweisen, Prozesse, Dokumentation
- ☐ Leistungsbeschreibung, messbare Erfolgsfaktoren: SLA, Benchmarking
- ☐ Preis, Bezahlungsmodalitäten, Preisentwicklung, Bonussummen
- ☐ Beziehungen, Reviews und Audits: Projekt, Vertrag, Mitarbeiter
- ☐ Mitarbeiter (bestehen Sie auf konkreten Namenslisten): Fähigkeiten, Arbeitserlaubnis, Visa-Status, Training, Weiterbildung, erlaubte Fluktuation, Ersatzmaßnahmen für ausgefallene Schlüsselkräfte
- ☐ Vertragsmanagement: Änderungen, Unteraufträge, Beendigung
- ☐ Steuern und steuerliche Vorteile im Lieferland
- ☐ Rechtliche Aspekte: Verantwortungen, Gewährleistung, Garantien, Urheberrechte, Patente, regulative Einschränkungen (lokale Gesetze), Eskalationswege, Gerichtsstand, Gerichtswege, Ausstiegskriterien
- ☐ Risikomanagement: spezifische Risiken explizit nennen

Für die ausgelagerte Wartungsphase sollten Sie klären, ob ein expliziter **Wartungsvertrag** notwendig wird oder ob einmalige Lieferungen mit Fehlerkorrekturen zu wenigen festen Zeitpunkten genügen. Spezifizieren Sie im Wartungsvertrag, welche Fehler mit welcher Reaktionszeit behandelt werden müssen. Legen Sie fest, wie viele kostenlose Nachlieferungen Sie erhalten und wie oft.

Auftraggeber und Lieferant versuchen mit einem Vertrag die Risiken auf beiden Seiten abzuschwächen. Der Teufel liegt hierbei im Detail! Häufig versucht eine Seite, alle Risiken zur anderen Seite zu verschieben. Das gefährdet Ihr Projekt, egal wer von beiden Partnern dies versucht. Soweit Ihr Outsourcing-Lieferant bestimmte Vertragselemente (z. B. Ausschlüsse, Anreize oder konkrete Steuerungsinstrumente) vorschlägt, sollten Sie diese exakt in ihren Auswirkungen untersuchen. Sie weisen oft auf – Ihnen vielleicht bisher verborgene – Risiken hin.

Risiken müssen auch und gerade auf Ihrer Seite abgeschwächt werden. Was, wenn der Lieferant zurücktritt? Was, wenn er sehr schlechte Qualität liefert? Verwetten Sie gerade Ihre Zukunft? Der Vertrag muss ein Ausstiegskriterium für beide Partner enthalten. **Halten Sie sich einen Ersatzplan, falls der Lieferant ausfällt!**

Die rechtliche Situation im Outsourcing

Im Outsourcing spielen verschiedene rechtliche Fragestellungen eine Rolle, die wir im folgenden kurz beleuchten werden. Wir beschränken uns dabei auf einige grundlegende Punkte und benennen nur die entsprechenden Paragraphen im BGB, wo Sie selbst lesen und weiterführende Studien treiben sollten. Es gibt hierfür auch spezielle Literatur, auf die wir im Literaturverzeichnis verweisen (z. B. Bartsch, Zahrnt, Schröder). Aus Platzgründen kann dieses Kapitel die rechtliche Situation nur aus rein deutscher Sicht betrachten. Dies genügt in der Regel auch völlig, wenn Sie als Gerichtsstand Deutschland und als Basis das deutsche Recht vertraglich explizit festlegen. Allerdings gibt es Lieferanten, die in den AGBs dubiose ausländische **Gerichtsstände** erwähnen. Prüfen Sie diese Situation sehr sorgfältig.

Rechtlich betrachtet stellt Outsourcing die vertragliche Übertragung von Aufgaben an Dritte bis hin zur Auslagerung ganzer Abteilungen dar. Zur Vertragserfüllung werden vom Lieferanten als Dienstleister dessen Mitarbeiter, Know-how und in der Regel Infrastruktur, die für die Leistungserbringung notwendig sind, gestellt. Die Arbeiten der ausgelagerten Bereiche werden im Rahmen von Werk- oder auch Dienstverträgen (bei Softwareentwicklung als fertiges Produkt eventuell auch als Kaufvertrag) zeitlich befristet oder unbefristet ausgeführt. Der Lieferant übernimmt für die Erfüllung seiner vertraglichen Aufgaben die volle Gewährleistung bzw. Haftung. Innerhalb eines Outsourcing-Projekts geht es daher vor allem um Fragen rund um den Vertrag. Aus Produktsicht gibt es zusätzlich Punkte, die mit Haftungsfragen oder auch mit Urheberrechten zu tun haben. Aus Produkt- und Projektsicht interessant sind schließlich Fragen zu Sach- und Rechtsmängeln und deren Folgen. Eine kurze Übersicht soll verdeutlichen, welche rechtlichen Fragen relevant sind.

(1) Vertragstypische Fragen: Verträge für Softwareprodukte werden in der Regel als Sachkauf oder als Werkvertrag betrachtet. Sie können aber auch Teil einer umfassenderen Dienstleistung sein. Aus diesen Verträgen folgen – unterschiedliche, spezifische – vertragstypische Pflichten. Software wird in der Regel als Sache verkauft oder im Rahmen eines Werkvertrags erstellt. Beim IT-Outsourcing kann auch noch die Form des Dienstvertrags gewählt werden, beispielsweise wenn die gelieferte Sache ein SLA ist. Aus diesen Verträgen resultieren vertragstypische Pflichten, die der Lieferant einzuhalten hat. Bei einem **Kaufvertrag** werden diese Pflichten durch §433 des BGB beschrieben. Es geht primär darum, dass der Verkäufer sicherstellen muss, dass der Käufer das Eigentum an der Software erwirbt und dass diese frei von Sach- und Rechtsmängeln übergeben wird. Der Verkäufer erhält dafür den vereinbarten Kaufpreis. Im **Werkvertrag** beschreibt §631 des BGB die Pflichten, die aus dem Vertrag resultieren. Beim **Dienstvertrag** gilt entsprechend der §611 des BGB. Vereinfacht lässt sich sagen, dass bei einem Kauf- oder Werkvertrag der Lieferant einen bestimmten Erfolg schuldet, beim Dienstvertrag jedoch nur seine Arbeitsleistung oder sein „Bemühen" als solche. Ist aber das Bemühen des Anbieters für den erstrebten Erfolg nicht ausreichend, hat der Auftraggeber grundsätzlich das Nachsehen. Dienstverträge sind Arbeitsverträge und als solche aus Sicht des Auftraggebers stärker eingeschränkt, als dies bei einem Werk- oder Kaufvertrag der Fall ist.

Machen Sie sich klar, welche Outsourcing-Dienstleistung Sie beschaffen und was Sie zum Gegenstand des Vertrags machen. Der Vertragsgegenstand beeinflusst beispielsweise, welche Rechte Sie an der Software erhalten. Versichern Sie unabhängig vom Vertragstyp, dass die Urheberrechte an allen Dokumenten vollständig an Sie übergehen.

(2) Sachmängel: Bei der Vertragsausführung kann es zu Sachmängeln kommen. Die vertragstypischen Pflichten im Kaufvertrag (z.B. fertiges Softwareprodukt) in Bezug auf Sachmängel sind in § 434 BGB (in ähnlicher Form in § 633 BGB für Werkverträge) beschrieben. Bei einem Kauf- oder Werkvertrag hat der Auftraggeber bis zur Abnahme das Recht, ein mangelhaftes Werk zurückzuweisen und sogar dessen völlige Neuerstellung zu fordern. Nach Abnahme kann er umfangreiche Gewährleistungsansprüche geltend machen, also beispielsweise das Entgelt mindern, Nacherfüllung fordern oder Schadensersatz verlangen. Bei einem Dienstvertrag dagegen haftet der Dienstleister nur unter sehr engen Voraussetzungen. Er muss dazu in jedem Fall den entstandenen Schaden verschuldet, ihn also fahrlässig oder vorsätzlich herbeigeführt haben. Der Auftraggeber kann beim Dienstvertrag vom Lieferanten keine kostenlose Nacherfüllung verlangen oder bei einer mangelhaften Leistung vom Vertrag zurücktreten, um so sein Geld zurückzubekommen. Spezifizieren Sie im SLA (das als Vertragsbestandteil charakterisiert sein sollte) daher die zu erwartende Qualität der Dienstleistung präzise und beim Dienstleistungsvertrag auf eine Weise, die bestimmte (z. B. qualitätssichernde) Tätigkeiten explizit verlangt.

Wenn Ihr Outsourcing-Lieferant ein Softwaresystem entwickeln soll und dabei zu viele Fehler bestehen bleiben, so dass die Software nicht in Einklang mit den Anforderungen steht, dann liegt eine Verletzung von §434 oder §633 BGB vor. Es handelt sich um einen Sachmangel. Fehlerfreiheit zu verlangen, ist nach der gängigen Rechtssprechung unsinnig, da davon ausgegangen werden muss, dass nach dem Stand der Technik Software eine gewisse Anzahl Fehler enthält. Spezifizieren Sie operative Testverhalten, um eine Chance zu haben, zuverlässige Software zu erhalten. Vereinbaren Sie nicht nur Korrekturzeiten für aufgetreten Fehler, sondern immer auch Ausfallstrafen, denn Sie – und damit Ihre Kunden – könnten empfindliche Verzögerungen erleiden, wenn die Software mehrmals korrigiert werden muss. Wenn ein Outsourcing-Lieferant eine IT-Lösung für Sie konzipieren soll und dabei das System viel zu groß dimensioniert so dass es viel mehr kostet, als eigentlich bei den gegebenen Anforderungen des Kunden zu erwarten wäre, dann liegt ein Beratungsmangel vor. Es ist die Aufgabe des Outsourcing-Lieferanten, Sie darüber zu informieren, wenn Anforderungen vorliegen, die in ihrer Gesamtheit nicht erfüllbar sind.

(3) Rechtsmängel: Das Produkt kann Rechtsmängel aufweisen, selbst wenn diese dem Verursacher gar nicht bewusst sind (z. B. Verletzung von Patenten). Der Begriff des Rechtsmangels wird in Kaufverträgen durch § 435 BGB und in Werkverträgen durch § 633 BGB beschrieben. Einmal mehr bietet der Dienstvertrag hier keinen expliziten Schutz, da nicht das fertige Produkt im Zentrum des Vertrags steht, sondern der Mitarbeiter, dessen Dienste man sich erkauft. Kritisch bei Softwareprodukten sind vor allem urheberrechtliche Fragen, die zu späteren rechtlichen Schwierigkeiten führen können. Dies ist der Fall, wenn Teile des Quellcodes abgeschrieben wurden oder wenn fremde Patente unwissentlich benutzt wurden. Sie haben als Käufer zunächst das Rechtsrisiko übernommen und sollten zur eigenen Sicherheit bereits paraphieren, dass Ihr Outsourcing-Lieferant diese Verpflichtungen auch nach Abschluss der Arbeiten übernimmt. Klären Sie die Nutzung von Open-Source-Software (OSS) wo patentrechtliche Fragen nicht eindeutig geklärt sind.

(4) Folgen von Mängeln: Aus Mängeln resultieren Folgen, beispielsweise im Schadenersatz. Die Rechte des Käufers bei Mängeln sind für Kaufverträge in § 437 BGB und für Werkverträge in § 634 BGB beschrieben. Prinzipiell können Sie vom Outsourcing-Lieferanten bei Sach- oder Werkmängeln (nicht aber beim Dienstvertrag, solange der Schaden nicht vorsätzlich herbeigeführt wurde) eine Nacherfüllung verlangen, den Mangel selbst beseitigen und Ersatz für Ihre eigenen Aufwendungen verlangen, vom Vertrag zurücktreten oder die Vergütung mindern. In allen Fällen können Sie einen angemessenen Schadensersatz verlangen. Der Stand der Technik spielt bei Haftungsfragen eine zunehmend größere Rolle. Die Basis hierfür ist die Schadensersatzpflicht, die in § 823 BGB und § 249 BGB geregelt wird. Die Verantwortlichkeit des Schuldners ist in § 276 BGB beschrieben. Der Schadensersatz selbst ist in §§ 280 und 281 BGB geregelt. Während die Nachbesserung laut Gesetz innerhalb einer angemessenen Frist das Mittel der Wahl ist, können Sie als Kunde auch einen anderen Lieferanten wählen, wenn der Lieferant entsprechende Mahnungen ohne adäquate Lieferung hat verstreichen lassen. Wenn sich Ihr Outsourcing-Lieferant innerhalb eines Werkvertrags beispielsweise durch ein Dumpingangebot einen Vertrag erschleicht, den er unter den gegebenen Umständen nicht einhalten kann, und Sie haben ihn auf Termineinhaltung hingewiesen (schriftlich, denn dies lässt sich leichter belegen), dann können Sie sich den Vertragsgegenstand von einem anderen Lieferanten zu dessen Bedingungen liefern lassen, wobei der Originallieferant die Differenz der Kosten aus eigener Tasche bezahlen muss.

Grundsätzlich sollten Sie bei der Vertragsgestaltung rechtlichen Beistand suchen, denn die Klippen sind mannigfaltig. **Vernachlässigen Sie allerdings über den abgeschlossenen Verträgen niemals das eigene Risikomanagement**. Schließlich kann eine vordergründige rechtliche Sicherheit bei einem kleinen Lieferanten schnell zu einer fragwürdigen Sicherheit werden, denn er wird im Zweifelsfall lieber Insolvenz anmelden. Oder aber Sie verlieren soviel Geld und Zeit durch Prozesse in einer für Sie fremden Rechtskultur und Sprache, dass Sie diesen Weg gar nicht gehen wollen. Sichern Sie sich daher auf verschiedenen Wegen ab.

Lieferantenbewertung und Vertragsbeendigung

Lieferanten- und Vertragsmanagement umfassen auch das kontinuierliche **Risikomanagement** in der Lieferantenbeziehung selbst. Sie sollten daher nicht nur auf die Einhaltung des SLA und der Qualität und Liefertreue der vereinbarten Produkte oder Dienstleistungen achten, sondern auch darauf, ob Ihr Lieferant zukünftig überhaupt noch als Lieferant zur Verfügung steht. Oftmals sind Auftraggeber davon völlig überrascht, dass ein kleiner Lieferant plötzlich Konkurs anmeldet oder aber ein großer Lieferant signalisiert, dass er die Beziehung beenden will. Beides lässt sich nicht vermeiden, aber doch proaktiv bewerten, damit Sie bei einem solchen Risiko rechtzeitig alternative Schritte gehen können.

Wie aber merken Sie, dass Ihre Lieferantenbeziehung in Schwierigkeiten gerät? Die folgenden Fragen sollten Sie regelmäßig betrachten und im Zusammenhang mit Ihrem Gefühl (aus der gepflegten Kommunikation und aus beobachteten Verhaltensweisen heraus) bewerten. Beobachten Sie genau (und ermuntern Sie die beteiligten Mitarbeiter dazu), denn was sich subtil ankündigt kann häufig noch abgefangen werden, bevor die Situation eskaliert.

- ☐ Kommt es zu plötzlichen Verhaltensänderungen beim Lieferanten, die Ihnen oder Ihren Mitarbeitern auffallen?
- ☐ Werden Vertragselemente nicht (mehr) eingehalten?
- ☐ Werden auftretende Schwierigkeiten ausgesessen?
- ☐ Kommt es zu regelmäßigen Zurückweisungen Ihrer Spezifikationen?
- ☐ Tritt eine höhere Fluktuation der (fremden) Mitarbeiter in Ihrem Projekt auf?
- ☐ Lässt der Kontakt zum Management des Lieferanten nach?
- ☐ Ändern sich das Management Ihres Lieferanten oder die Verantwortlichen an Ihrer Schnittstelle mehrmals?
- ☐ Werden Sie plötzlich gebeten, Ihre Anforderungen zu priorisieren?

- ☐ Werden die Vertragselemente (also SLA) plötzlich sehr exakt interpretiert?
- ☐ Kommt es zu mehr Eskalationen als bisher?
- ☐ Hat sich die finanzielle Situation des Lieferanten verschlechtert? Achten Sie auf die regelmäßigen Statements, die börsennotierte Lieferanten geben müssen. Bei kleinen Unternehmen sollten Sie auf Pressemeldungen oder auch Eigentümeränderungen achten.
- ☐ Verlassen andere Kunden Ihren Lieferanten?
- ☐ Hat Ihr Lieferant einen neuen Kunden gewonnen, der ihm sehr viel wichtiger sein könnte als Sie?

Neben diesen unabdingbaren Maßnahmen zur Beherrschung des Risikos, dass Ihr Lieferant plötzlich nicht mehr zur Verfügung steht, sollten Sie auch regelmäßige interne **Lieferantenbewertungen** aufbauen. Sie und Ihr Outsourcing-Lieferant lernen voneinander und müssen sich daher *beide* ständig verbessern. Ihre Lieferantenbeziehung ist nicht statisch, sondern muss sich an neue Prozesse, Verhaltensweisen, Anforderungen aus Ihrer Umgebung oder aus geänderten Kundenbeziehungen anpassen.

Nach bestimmten Fristen, bei Erreichung eines bestimmten Meilensteins im Projekt und auf jeden Fall zum Projektende sollte der Lieferant evaluiert werden. Die Evaluierung erfolgt in der Regel intern und kann durchaus partnerschaftlich mit dem Lieferanten erfolgen. In kritischen Fällen (z.B. bei Nichterfüllung eines Vertrags) sollten Sie allerdings einen neutralen externen Experten einschalten. Am einfachsten ist es, wenn die Bewertung mit einem Template formalisiert wird. Dann können Sie sicherstellen, dass die Checks bei allen Lieferanten oder Meilensteinen konsistent durchgeführt werden. Die Ergebnisse einer Lieferantenbewertung sollten transparent auf beiden Seiten diskutiert werden. Oftmals gibt es beidseitigen Handlungsbedarf, und es hilft, auch die Meinung des Lieferanten zu einem entdeckten Problem zu haben, um eigene Prozesse oder Schnittstellen zu verbessern.

Treten Sie einen Schritt zurück und fragen Sie sich auch, was auf Ihrer Seite falsch läuft, wo es zu Reibungen kommt und wie die Beziehungen verbessert werden können.

Einzelne Faktoren sollten Sie ständig bewerten, denn Sie können damit auch operativ arbeiten:

- ☐ Werden die konkreten Erwartungen (d.h., Anforderungen, technische und wirtschaftliche Ziele, SLA-Vereinbarungen) erreicht?

- ☐ Stehen die vereinbarten Mitarbeiter (und spezifische Fähigkeiten) wie geplant zur Verfügung?
- ☐ Werden die vereinbarten Qualitätsziele erreicht?
- ☐ Liegen die Arbeitsergebnisse im Rahmen der Aufwands- und Umfangschätzungen?
- ☐ Werden Meilensteine eingehalten (Termine, Inhalte, Qualität)?
- ☐ Welche Risiken treten ein? Warum? Welche nicht? Warum nicht?
- ☐ Werden die verlangten Standards, Prozesse, Richtlinien, Werkzeuge und Qualitätssicherungsmaßnahmen eingehalten?
- ☐ Welche Verbesserungsmaßnahmen schlägt der Lieferant vor?
- ☐ Wie lassen sich Kommunikation und Beziehungen zum Lieferanten verbessern?

Bestimmte Faktoren werden nur zum Projekt- oder Vertragsende bewertet:

- ☐ Wurde der Kosten- und Zeitrahmen eingehalten?
- ☐ Wurden die vertraglichen Vorgaben auch nach der Abnahme eingehalten (z.B. Leistungsbeschreibung, SLA, Service-Fähigkeit, Qualität)?
- ☐ Wie lassen sich die Leistungsbeschreibung und das SLA verbessern?
- ☐ Lag der Aufwand im Rahmen der ursprünglichen Abschätzungen? Wie lassen sich die Abschätzungen verbessern?
- ☐ Welche Risiken traten ein? Warum? Welche nicht? Warum nicht? Wie lässt sich das Risikomanagement verbessern?
- ☐ Welche Verbesserungsmaßnahmen schlägt der Lieferant vor?
- ☐ Entsprachen die Verantwortungen und Aufgabenteilung den Erwartungen und der Leistungsbeschreibung?
- ☐ Wie lassen sich Beziehungen, Organisation und Management verbessern?
- ☐ Wie lassen sich Kommunikation und Konfliktmanagement verbessern?
- ☐ Können Sie sich vorstellen, mit diesem Lieferanten zukünftig zusammenzuarbeiten?

Verträge haben immer ein Ende. Manchmal wünscht man sich, dass das Ende früher kommt (z.B. bei Enttäuschungen im Lieferantenverhältnis) und manches Mal ärgert man sich, dass es zu früh kommt (z.B. bei Preiserhöhungen des Lieferanten aufgrund eines neuen Vertragsintervalls).

Jeder Vertrag zum externen Outsourcing (selbst mit selbständigen Tochtergesellschaften, also einem internen Offshoring) muss saubere Ausstiegskriterien für beide Seiten enthalten. Wichtig ist es, das **Ausstiegskriterien** präzise Triggerpunkte enthalten (z.B. Terminverzüge, unzureichende Qualität). Der Ausstieg aus einer Beziehung (und damit das Vertragsende) muss am Ende eines definierten Eskalationsprozesses stehen, der es erlaubt, die Beziehung oder das Projekt zu retten oder aber beiden Beteiligten, Ihr Gesicht zu wahren.

Es sollte für den Lieferanten – und für Sie – nicht zu einfach sein, eine Beziehung zu beenden. Schließlich gibt es auch für Sie eine Menge Zusatzkosten und Verzögerungen, wenn Sie plötzlich einen neuen Lieferanten suchen und integrieren müssen. Vereinbaren Sie daher ein professionelles **Ausstiegsmanagement** (z.B. Wissenstransfer zurück zu Ihnen oder zu einem neuen Lieferanten, Übertrag von Lizenzen, Kommunikation der Vertragsbeendigung an Mitarbeiter auf beiden Seiten und an Kunden oder Medien, Provisionen durch den Lieferanten im Haftungsfall für neue Lieferantenauswahl und entstehende Verzögerungen). Lassen Sie auch ihrem Lieferanten Ausstiegsmöglichkeiten. Manchmal helfen sie beiden Seiten, eine Beziehung sauber zu beenden, indem Anforderungen gezielt über das vertraglich erlaubte Maß hochgeschraubt werden.

Der Outsourcing-Prozess

Outsourcing ranks as one of the top business ideas of the past 100 years.
– Harvard Business Review

Einen erfolgreichen Outsourcing-Prozess installieren

Outsourcing hat vier zugrundeliegende Erfolgsfaktoren, die in jedem Outsourcing-Prozess verankert werden müssen. Es handelt sich dabei um:

- **Koordination** (z.B. Lieferantenmanagement, Lieferantenauswahl, optimale Entwicklungsprozesse, Schnittstellen, Verantwortungen)
- **Kollaboration** (z.B. effiziente Geschäftsprozesse, Teamwork, gemeinsame Ziele und Zielerreichung, Zusammenarbeit über Landesgrenzen und Zeitzonen, effektive Werkzeugunterstützung)
- **Kontrolle** (z.B. Vertragsmanagement, betriebswirtschaftliches und technisches Controlling, Prozessüberwachung, Fortschrittskontrolle in Projekten, SLA-Management)
- **Kommunikation** (z.B. Zielsetzung, kulturelles Verstehen, aufeinander Zugehen, Training, Ressourcenmanagement)

Nur wenn diese vier Eckpfeiler gleichermaßen gut verankert (also verstanden) sind und als Basis für das Outsourcing gleichmäßig belastet (also genutzt) werden, hat man Chancen, zu den Gewinnern des Outsourcing und der Globalisierung in der IT zu gehören.

Der Outsourcing-Prozess lässt sich in vier Phasen einteilen. In allen Phasen spielen Koordination, Kollaboration, Kontrolle und Kommunikation eine Rolle. Zuerst wird die Outsourcing-Strategie festgelegt. Danach wird der Lieferant ausgewählt (siehe voriges Kapitel). Im Anschluss wird der Vertrag (und das SLA) ausgeführt. Schließlich erfolgt eine Bewertung und Nachbereitung des Projekts.

Wir wollen hier einige spezielle Fragestellungen betrachten, die im Outsourcing immer wieder zur Sprache kommen – oder Probleme aufwerfen. Softwareentwicklungsprozesse (beispielsweise das Design oder den Test) wollen wir hier nicht betrachten, da es dazu jede Menge spezifischer Literatur gibt.

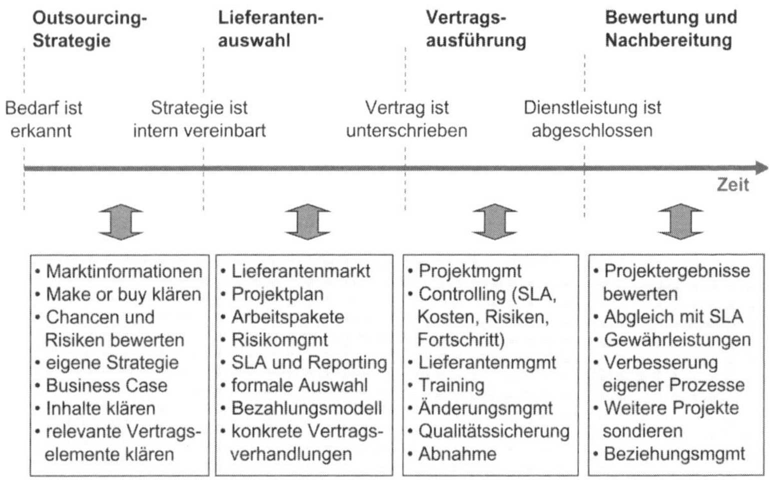

Gute Prozesse sind das Rückgrat von erfolgreichem Outsourcing. Achtung: Sie bezahlen, was Sie verlangen! Wenn Sie vom Lieferanten verlangen, dass er sich an Ihre Prozesse anpasst, wird er dies machen, aber mit Sicherheit dafür zusätzliche Kosten geltend machen. Sauberer sind klar vereinbarte Schnittstellen, die von beiden Seiten an die lokalen Prozesse angepasst werden können. Dies gilt natürlich nur, wenn keine enge Kollaboration (wie beispielsweise im Bodyshopping) verlangt wird.

Schlechte eigene Prozesse lassen sich nicht externalisieren oder skalieren. Verbessern Sie daher vorher die eigenen Prozesse (CMMI Reifegrad 3 stellt eine sinnvolle Basis dar) oder nehmen Sie einen sehr erfahrenen Partner, der Ihnen die „richtigen Prozesse verschreibt“. Planen Sie ausreichend Zeit und Aufwand für Schulungen auf beiden Seiten. Normalerweise sind Ihre Lieferanten daran stark interessiert. Vereinbaren Sie unabhängige Prozess- und Qualitätsaudits als Maßnahme des Risikomanagements. Wenn Sie dies bereits im Vorfeld (z.B. während den Vertragsverhandlungen) und als Teil der Leistungsvereinbarungen klären, vermeiden Sie einen „Polizeieffekt“.

Soweit Sie solide Entwicklungs- und Managementprozesse installiert haben, können Sie den externen Mitarbeitern ein interaktives Prozessmodell online zur Verfügung stellen, das dann zusätzlich zu

Schulung und Transparenz beiträgt. Ebenfalls gute – und subtile – Schulungseffekte (und auch ein solides Prozessfeedback) erreichen Sie, wenn Sie eine kurze Fragerunde (wie beim Scrum) in jede Team- oder Projektbesprechung einbauen.

Obwohl **Personalmanagement und Mitarbeiterführung** immer eine unternehmens- und ortsspezifische Ausrichtung haben, lassen sich einige Tipps speziell für das Outsourcing geben. Sie sollten im Vorfeld die Mitarbeiter im Projekt kennen. Verlangen Sie verbindliche Namenslisten und Profile von Ihrem Liederanten. Verfolgen Sie die Entwicklung dieser Mitarbeiter und deren Fluktuation. Bestehen Sie bei kritischen Fähigkeiten, auf die Sie keineswegs verzichten wollen, auf Backup-Lösungen. Verteilte Teams brauchen ein verteiltes Management. Ihr Dilemma im Outsourcing-Projekt ist, dass verteilte Projektteams zwar eine bessere **Kommunikation** benötigen, aber Ihre Möglichkeiten zur Kommunikation aufgrund der Verteilung schlechter sind. Balancieren Sie daher Distanz (Kommunikationskanäle, Vertrautheit, Informationszugriff: Push versus Pull) und Diversität (Sprachen, Kulturen, Werte, Arbeitsweisen). Im Regelfall sollten Sie mit zusätzlichen Betreuungskosten von 5-10 Prozent rechnen (siehe auch im Kapitel zum Business Case). Falls kleine, separate Arbeitspakete ausgelagert werden, kann dieser Overhead auf 20-40 Prozent anwachsen. Bei schlechten eigenen Prozessen wachsen der eigene Betreuungsaufwand und die Kosten auf Lieferantenseite stark an (z.B. aufgrund von Nacharbeiten oder zusätzlichen qualitätssichernden Aktivitäten).

In verteilten Projekten und im Outsourcing ist Kommunikation einer der wichtigsten Erfolgsfaktoren. Oftmals wird etwas nicht verstanden, und das jeweilige Kulturmix erlaubt nicht, Zweifel sofort zu klären. Führen Sie daher ein verbindliches Kommunikationsprotokoll ein. Stellen Sie eine gemeinsame Projekt-Homepage oder ein Projektportal für alle Projektinformationen (z.B. Anforderungen, Data Dictionary, Metriken, Fortschrittsberichte, etc.) zur Verfügung. Zur Vereinfachung sollte dieses Portal für alle Ihre Projekte identisch in Struktur und Aussehen sein. Eröffnen und nutzen Sie sowohl regelmäßige als auch spontane Kommunikationskanäle (z.B. für ein bestimmtes Projekt, für Prozessverbesserungen, für Review-Ergebnisse, etc.).

Nutzen Sie verschiedene Kommunikationskanäle und kommunizieren Sie nicht nur per E-Mail und Telefon. Unterschätzen Sie die Feinheiten einer effektiven Kommunikation nicht. Beispielsweise darf eine

Videokonferenz nicht nur Ihre eigene Agenda behandeln, sondern muss sich auf die verschiedenen anwesenden Kulturen und Meinungen einstellen. Soweit Sie mit einem Lieferanten in einer schwer erreichbaren Region zusammenarbeiten, stellen Sie Einreise, Anstellung und Wohnsitznahme von Spezialisten in beide Richtungen sicher. Oftmals dauert es einige Wochen, bis Mitarbeiter aus China oder Indien für eine längere Zeit ins westliche Ausland einreisen dürfen.

Kontinuierliches **Training** ist wichtig, um die Teams zu synchronisieren, und um Unklarheiten zu erkennen und sofort auszuräumen. Gutes Training motiviert und fördert Beziehungen und Bindungen der Mitarbeiter – vor allem, da sie aus unterschiedlichen Kulturen und Unternehmen kommen. Technische Details müssen intensiv trainiert werden (z.B. Architektur, Bibliotheken, Prozesse, Werkzeuge, Altsysteme). Der Trainingsaufwand muss explizit geplant und budgetiert werden (Zeit und Aufwand, Trainerleistungen). Das gilt gerade für Teilzeit-Trainer (also in der Regel erfahrene Mitarbeiter Ihres Hauses), für die dies häufig ein Zusatzaufwand bedeutet. Trainingspläne sollten pro Mitarbeiter existieren, um gezielt die jeweiligen Fähigkeiten hochzufahren und vorausschauend anzupassen. Training muss an Diversität und Distanz angepasst werden, wobei sicherlich der persönliche Kontakt zum Trainer am besten ist (obwohl nicht immer realisierbar, wenn der Lieferant sehr schwer zu erreichen und die Fragestellung dringend ist).

Führen Sie das IT- und Software-Outsourcing als **dediziertes internes Projekt** durch. Dies gilt unabhängig davon, ob es sich um Teilaufgaben oder um eine komplette Produktentwicklung handelt. Nominieren Sie einen internen Projektleiter, der persönlich am Erfolg des Outsourcing gemessen wird. Wir werden später die Rolle des Outsourcing-Managers kennen lernen, der für diese Rolle natürlich wie geschaffen ist. Dieser (Outsourcing-) Projektleiter ist verantwortlich für den Aufbau des Outsourcing, die Umsetzung der vereinbarten Outsourcing-Prozesse, das Schnittstellenmanagement, eine effektive Kommunikation, optimierte Zusammenarbeit mit den richtigen Werkzeugen, Beschaffung und Verteilung von Komponenten und Lizenzen, Projektkontrolle, Kostenkontrolle, Erfolgskontrolle, Konfliktmanagement, schnelle lokale Präsenz falls nötig. Er setzt standardisierte Kennzahlen ein, die mit dem **Service Level Agreement (SLA)** korrespondieren, nämlich Projektfortschritt, Qualität, Produktivität (Kosten pro Kopf), Liefertreue oder Mitarbeiterfluktuation. Ein SLA hat drei Elemente:

- Messvorschrift. Die Messvorschrift beschreibt exakt, wie die jeweilige Kennzahl definiert ist und wo sie abgegriffen werden kann. Wichtig sind Wiederholbarkeit, Objektivität und Robustheit der Kennzahl, so dass sie unter veränderten Randbedingungen trotzdem aussagekräftig bleibt.
- Zielsetzung. Sie beschreibt für die Kennzahl eine Vorgabe, die zu erreichen ist. Zielsetzungen sollen „SMART" (specific, measurable, accountable, realistic, timely) sein, also spezifisch am konkreten Prozessziel orientiert, messbar, an der Verantwortung für den Prozess orientiert, realistisch oder erreichbar sowie rechtzeitig oder pünktlich, um reagieren zu können.
- Verrechnungsgrundlage. Das SLA muss die Zielerreichung oder vereinbarte Leistung mit dem Preis in Beziehung setzen, so dass Abweichungen in der Liefertreue oder Qualität aufgrund des SLA eindeutig, objektiv und ohne Diskussionen mit dem zu bezahlenden Preis korreliert werden können. Ein gutes SLA kompromittiert den Lieferanten nicht, sondern stimuliert ihn zu kontinuierlichen Verbesserungen ohne die Transparenz einzuschränken.

Gutes **Monitoring** der Erreichung von Vereinbarungen ist der Schlüssel zum erfolgreichen Outsourcing. Eine konsequente Verfolgung der (Zwischen-) Ergebnisse ist bei verteilten Projekten wichtig, denn Sie haben keine Möglichkeit, mal nebenbei mit den Beteiligten zu sprechen. Vereinbaren Sie messbare SLAs und halten Sie sie vertraglich fest. Knebeln Sie den Lieferanten nicht mit SLAs, sondern beteiligen Sie ihn am wirtschaftlichen Erfolg (oder Misserfolg). Setzen Sie operative Frühwarnindikatoren ein. Diese geben Handlungsspielraum, um rechtzeitig und proaktiv einzugreifen. Erfolg, Projektverfolgung und Schnittstellenmanagement müssen sich an messbaren Kennzahlen orientieren. Dazu gehören **Fortschrittsmetriken** (z.B. Inkremente, Earned Value, etc.), Risiken und Linderungsmaßnahmen sowie Qualitätskennzahlen gegenüber vereinbarten Standards und Vorgaben.

Verlangen Sie Trendlinien und Vorhersagen, um proaktiv handeln zu können. Betrachten Sie die Kostenstruktur beim Lieferanten, soweit Sie keinen Festpreisvertrag abgeschlossen haben. Verfolgen Sie, ob das vereinbarte Personal rechtzeitig und mit den richtigen Fähigkeiten zur Verfügung steht. Bei längerfristigen Engagements sollten Sie sich über die Messung und Bewertung der erreichten Produktivität Gedanken machen. Produktivität misst man langfristig für definierte Aktivitäten, die über die Zeit (oder über Projekte oder Unternehmen hinweg) verglichen werden können. Beschreiben Sie für jede Kennzahl, wie sie konkret gemessen wird!

Forcieren Sie **standardisierte Metriken und Reporting**. Outsourcing-Lieferanten sind es gewöhnt, ihr eigenes Reporting schnell an jenes ihrer Kunden anzupassen. Installieren Sie ein echtzeitfähiges Portal, das alle laufenden Projekte mit den Plandaten, derzeitigen Ergebnissen und Mitarbeitern (intern und extern) zeigt. Vermeiden Sie bei alldem administrative Bürden. Gerade das Monitoring kann gut automatisiert werden.

Das **Risikomanagement** im Outsourcing-Projekt sollte die folgenden Risiken bewerten und gegebenenfalls abschwächen:

- ☐ Wichtige Mitarbeiter des Lieferanten verlassen Ihr Projekt
- ☐ Unzureichendes Projektmanagement (Planung, Verfolgung, Schnittstellen) auf Ihrer Seite
- ☐ Unvollständige oder unbrauchbare Spezifikationen und technische Dokumente, die Sie liefern
- ☐ Qualitätsdefizite werden zu spät erkannt
- ☐ Verzögerungen und Kostenexplosion durch häufige Änderungen und unzureichendes Lieferantenmanagement
- ☐ Reibungsverluste, Ineffizienz, Inkonsistenzen, Inkompatibilitäten und Nacharbeiten durch unterschiedliche Prozesse und Werkzeuge
- ☐ Verletzung der Urheberrechte und anderen Schutzrechten
- ☐ Lieferant oder wichtige Mitarbeiter beim Lieferanten fallen plötzlich aus
- ☐ Preiserhöhungen durch ungewollte Abhängigkeiten vom Lieferanten
- ☐ Politische Instabilitäten im Outsourcing-Land

Anforderungs- und Änderungsmanagement sind die kritischen Prozesse im Outsourcing. Im Unterschied zu Ihrer eigenen Entwicklung sind hier die Inhalte explizit vertraglich festgelegt. Was bei Ihnen in der internen Entwicklung gerne vernachlässigt wird (z.B. versteckte Zusatzkosten oder Nacharbeiten), kommt im Outsourcing unweigerlich auf den Tisch. Anforderungsänderungen sowie Änderungen im Projektplan sind in der Regel Vertragsänderungen. Häufig werden Änderungen „stillschweigend vereinbart" (also durch Projektmitarbeiter beider Seiten im laufenden Geschäft, weil die Änderungen kurzfristig nötig sind), dienen aber Ihrem Lieferanten später als

Rechtfertigung dafür, Termine und Qualitätsvorgaben nicht einzuhalten.

Versichern Sie in Ihrem Outsourcing-Prozess, dass eine einzige Rolle (kann der Outsourcing-Manager sein oder aber im Projekt der Konfigurationsmanager) *alle* vorgeschlagenen Änderungen prüft und formal genehmigt. Dies gilt sowohl für Änderungen an Anforderungen oder Projektinhalten als auch für vertragsrelevante Änderungen. Nur was von dieser Person kommuniziert wird, darf implementiert werden. Legen Sie diese Regelung im Vertrag fest, damit Ihre eigenen Mitarbeiter aus Unachtsamkeit oder falsch verstandener Flexibilität den Projekterfolg nicht gefährden.

Installieren Sie im Projekt ein rigides Änderungsmanagement und dokumentieren Sie die Änderungsgeschichte. Eine Änderung kann den Projektplan, den Projekterfolg und auch den Outsourcing-Erfolg beeinflussen oder in Frage stellen. Wägen Sie ab, ob sich das lohnt. Falls ja, versichern Sie durch die Konfigurationsprozesse und den Konfigurationsmanager, dass alle Einflüsse dediziert berücksichtigt werden und mit den Projektplänen synchronisiert sind. Projektintern sollten Sie versichern, dass alle akzeptierten Änderungen konsistent kommuniziert werden (Projekt Homepage). Es hilft nichts, wenn die Design-Änderung auf Ihrer Seite mit der Testabteilung vereinbart ist, beim Outsourcing-Lieferant aber nur bruchstückhaft ankommt. Änderungen bedeuten immer Mehrarbeit und Mehrkosten. Was Sie bisher in Bezug auf Produktivitätseinbußen und Nacharbeit in Ihrem Unternehmen höchstens erahnten, wird nun schwarz auf weiß dokumentiert.

Vereinbaren Sie im Outsourcing-Vertrag eine Rauschtoleranz bei Anforderungsänderungen und Nacharbeiten oder Klärungen an Anforderungen, damit der Verrag selbst nicht ständig erweitert oder neu paraphiert werden muss.

Gutes **Konfigurationsmanagement** ist der Schlüssel zum Erfolg bei einer räumlich verteilten Entwicklung. Gerade wenn verteilt entwickelt wird (wobei es weniger auf die Distanz, als auf die verschiedenen Teams ankommt) ist das Risiko groß, dass Varianten und Versionen nicht sauber gehalten werden. Ansatzweise gilt, was wir bereits über Anforderungsänderungen sagten: Was bisher durch Telefongespräche oder am gemeinsamen Mittagstisch ausgebügelt werden konnte, muss beim Outsourcing ganz klar beschrieben werden. Etablieren Sie ein rigoroses Konfigurations- und Änderungsmanagement mit entsprechenden Werkzeugen. Setzen Sie für das Konfigurationsmanagement gute Werkzeuge ein, die nicht nur Versionen, Varianten und Änderungen verwalten (z.B. CVS, Synergy, Clearcase), sondern auch eine Verbindung mit anderen Dokumenten und Werkzeugen erlauben (horizontale und vertikale Traceability). Legen Sie klare Regeln für Versionierung, Archivierung, Verfolgbarkeit von Änderungen zwischen Dokumenten, temporäre Verzweigungen von Versionen im Code, Beschreibungen von Verzweigungen (z.B. bei Korrekturen), Fehlermeldeverfahren und Build-Beschreibungen fest. Stellen Sie einfache Regeln für das Konfigurationsmanagement auf, so beispielsweise, dass Änderungsanforderungen immer durch den Konfigurationsmanager geprüft und genehmigt werden müssen, oder dass Aufwand auf der Lieferantenseite nur für genehmigte Inhalte oder deren Änderungen eingesetzt werden darf. Versichern Sie, dass entdeckte Fehler komplett berichtet und dann korrigiert werden. Korrekturen in Dokumenten müssen immer auf die geschlossene Fehlermeldung verweisen und gleichzeitig auf alle beeinträchtigten Stellen im Gesamt-Design und seiner Dokumentation (inklusive Testfälle). Setzen Sie ein professionelles Fehlermeldewerkzeug sowohl im eigenen Haus als auch bei Ihrem Outsourcing-Lieferanten ein (z.B. Bugzilla, ClearQuest, Synergy).

Regeln Sie die Zugriffsrechte klar auf Dokumente und Code-Konfigurationen (z.B. rollenbasiert, ID-basiert). Erlauben Sie aus Praktikabilitätsgründen schnelle Massenänderungen von Zugriffrechten. Schützen Sie die Konfigurationsarchive strukturiert, so dass Sie Teilzugriffe relativ leicht einrichten und pflegen können. Je schwieriger das Konfigurationsmanagement administrativ wahrgenommen wird, desto eher wird es durch Schlupflöcher ausgehebelt. Sichern Sie regelmäßig komplette Konfigurationen (also Design, Code, Testfälle, Projektdaten, technische Daten) in verteilten Backups, die Sie periodisch auf Wiederherstellbarkeit prüfen.

Gute Qualität zu erreichen ist, wie wir bereits eingangs sahen, einer der Hauptgründe, Outsourcing zu starten. Man erwartet zu Recht beim Lieferanten eine exzellente **Qualitätssicherung** und hervorragende Softwarefähigkeiten der Mitarbeiter. Allerdings ist unzureichende Qualität auch eines der Hauptrisiken im Outsourcing. Der Grund für dieses Ungleichgewicht ist, dass fragmentierte Arbeiten beim Lieferanten zwar optimiert werden, sich aber zurück beim Auftraggeber nicht integrieren lassen. Weitere Gründe sind häufige Änderungen der Inhalte sowie unzureichende technische Dokumentation. Erfahrene Outsourcing-Partner kennen die Anforderungen an gute Qualität auf beiden Seiten der Beziehung gut und halten sich an gemeinsam vereinbarte Maßnahmen und Prozessschritte. Wenig geübte Auftraggeber geben dies zu und fragen ihren Lieferanten nach Verbesserungsvorschlägen *bevor* das Projekt startet, damit sie sich verbessern können und vom Lieferanten lernen können.

Wie üblich (und zu erwarten) bei Outsourcing-Verträgen gilt die Regel: **Sie erhalten, was Sie vereinbaren und einfordern**. Vereinbaren Sie daher konkrete Qualitätsziele pro Arbeitsergebnis bei einem verteiltem Projekt oder pro Subsystem (oder Komponente, Produkt) bei komplettem Outsourcing). Definieren Sie diese Ziele (vor allem bei Zwischenergebnissen) explizit (schriftlich) und messbar. Qualität wird nicht erreicht wenn man nur Testvorgaben beschreibt. Vereinbaren Sie nachvollziehbare, kaskadierte qualitätssichernde Maßnahmen und Freigabekriterien an den Schnittstellen. Wenn Ergebnisse als Abnahmeprozedur nur in ein Archiv gestellt werden, kann Qualität nicht gesichert werden. Regelmäßige Status-Reviews, Audits und Eingangskontrollen – auf beiden Seiten – sind unabdingbar, um Qualitätsbewusstsein zu erreichen und aufrecht zu erhalten. Vereinbaren Sie daher konkrete qualitätskontrollierende und -sichernde Prozessschritte im SLA, um Abnahmeprobleme zu eliminieren, oder aber sie zu eskalieren. Benennen Sie einen Qualitätsmanager, der (evt. projektübergreifend) die nötigen Befähigungen aber auch den richtigen Einfluss hat, um rechtzeitig einzugreifen, wenn ein Qualitätsrisiko droht. Legen Sie ein Berichtswesen fest (z. B. Templates vorgeben), das beim Nachvollziehen der qualitätssichernden Maßnahmen hilft.

Ihren Kunden ist es in der Regel egal, wo und mit wem Sie produzieren – solange das Ergebnis stimmt. Verspätungen und schlechte Qualität haben immer Sie zu vertreten! Selbst bei ausländischen Lieferanten müssen Sie in Deutschland wegen der **Produkthaftung** lükkenlos für den Entwicklungsprozess nachweisen können, dass Sie den Stand der Technik kennen und einhalten. Die Abnahme von Arbeitsergebnissen zur Sicherung von Vertragsleistungen (Gewährleistung Ihres Offshoring-Partners) sollte daher formalisiert sein. Formale Abnahmekriterien müssen gegenseitig abgestimmt sein, beispielsweise ob Sie auf Empfängerseite selbst abnehmen oder ob Sie dies auch auslagern und statt dessen Prüfberichte einfordern. Sie gehören zu den Anforderungen (d. h. SLA) und sind damit vertragsrelevant. Die Abnahme kann bei größerem Umfang von ausgelagerten Tätigkeiten auch an dafür spezialisierte andere Lieferanten ausgelagert werden (z. B. Robustheitstest, Protokolltests, Interworking-Tests, Bedienbarkeitstests). Dies hat den Vorteil, dass Sie bei komplexen Softwarekomponenten nicht alle Fähigkeiten selbst vorhalten müssen. Alle Abnahmeschritte müssen formalisiert sein und ein komplettes und nachvollziehbares Reporting liefern. Abnahmetests müssen im Projektplan vorgesehen werden, denn sie befinden sich auf dem kritischen Pfad.

Sie werden mit diesen Maßnahmen merken: **Outsourcing führt auch im eigenen Haus zu mehr Disziplin – vom mehr systematisierten Requirements Management bis hin zur Produktfreigabe**.

Schutz von Know-how und geistigem Eigentum

Bei der Softwareentwicklung entstehen Urheberrechte, oder die Urheberrechte von weiteren Parteien werden beeinträchtigt. Dies gilt generell und wird im Outsourcing-Projekt besonders relevant, da der Auftraggeber sicherstellen muss, dass die Rechte an allen entstehenden Dokumenten (und falls anwendbar auch Patente) definiert in seinen Besitz übergehen.

Klare Regeln, die vertraglich festgeschrieben werden sollten, bewahren Sie vor den größten Risiken. Zunächst wollen wir die innerhalb des Projekts neu entstehenden **Urheberrechte** betrachten. Das Urheberrecht ist bereits seit 1886 ein internationales Thema. Schon damals trat die erste internationale Konvention in Kraft, die „Berner Übereinkunft", welche die Unterzeichnerstaaten dazu verpflichtet, einen Rechtsschutz für individuelle geistige Werke einzuführen. Grundlage der Bestrebungen um eine Rechtsangleichung auf internationaler Ebene war die langsam wachsende Erkenntnis, dass geistiges Eigentum ähnlich wie Eigentum an körperlichen Gegenständen allein dem jeweiligen Rechtsinhaber die Befugnis vermitteln sollte, die Werke zu verwerten oder durch Dritte verwerten zu lassen. Urheberrechte entstehen also für eine natürliche Person und nicht für das Unternehmen, in dessen Auftrag sie arbeitet. Sie müssen vertraglich sofort an die auftraggebende Unternehmung, also der Outsourcing-Auftraggeber, übergehen. Ein expliziter Urheberrechtsübergang muss daher pro Einzelarbeitsvertrag formuliert werden.

Landesrecht kann sich davon trotz der weltweit gültigen (und durch die UNO sanktionierten) Bestrebungen der World International Property Organization (WIPO) Vorgaben zum Urheberrecht unterscheiden und sollte im Zweifelsfall durch einen Experten (d. h. Patentanwalt) geprüft werden. Für wichtige Länder gibt es über lokale Handelskammern bereits Standardvorgaben für Verträge, die das Urheberrecht in seiner europäischen Lesart berücksichtigen.

Die Mobilität der Mitarbeiter im Ausland ist in der Regel viel höher als bei uns. Auftraggeber müssen daher Ihr bestehenden **Know-how** schützen, um dieser Fluktuation des Wissens Rechnung zu tragen. Um Ihre eigenen Vorteile zu wahren, müssen Sie einen Know-how-Schutz explizit im jeweiligen Einzelarbeitsvertrag formulieren. Das beinhaltet beispielsweise Konkurrenzverbote von Mitarbeitern (die im Ausland allerdings beliebig schwierig umzusetzen sind) sowie den Schutz von Geschäfts- und Fabrikationsgeheimnissen. Bei einem Rahmenvertrag mit einem Outsourcing-Lieferanten, muss dieser Vertrag explizit fordern, dass entsprechende Einzelvereinbarungen in jedem einzelnen Arbeitsvertrag der im Projekt eingesetzten Mitarbeiter formuliert werden. Dies ist wie bereits bei den Urheberrechten der einzige Hebel, den Sie effektiv nutzen können, vor allem wenn Sie mit den großen und bekannten Lieferanten zusammenarbeiten, die allesamt einen Ruf zu verlieren haben, wenn sie an dieser Stelle nicht sauber und professionell arbeiten würden.

Sobald Sie Software auslagern, bildet sich das nötige Wissen in der Heimatbasis zurück, da kein täglicher Kontakt mehr besteht. Anhaltende Sicherung Ihres eigenen Know-how ist unabdingbar, um dem Partner nicht irgendwann ausgeliefert zu sein. Verteilen Sie das kritische Wissen zu Ihren Produkten oder Kunden auf verschiedene Personen innerhalb Ihres Unternehmens. Bringen Sie sich niemals in eine Situation, in der Ihr Partner entscheidend mehr weiß als Sie. Stellen Sie proaktiv sicher, dass für Schlüsseldisziplinen das Wissen (in Personen) gespiegelt und dokumentiert wird. Verlangen Sie eine saubere schriftliche, standardisierte und nachvollziehbare Dokumentation (mit definierten Notationen, Templates und Dokumentenmanagement).

Replizieren Sie das komplettes Änderungs- und Konfigurationsmanagement in Ihrer Heimatbasis. Prüfen Sie den Zustand und die Verfügbarkeit von Replikationen sowie deren Wiederherstellung regelmäßig. Führen Sie ein professionelles Dokumentenmanagement ein, das rollenbasierten Zugriff sichert und alle Zugriffe protokolliert. Etablieren Sie standardisierte Schutzrechte auf der Basis einzelner Dokumente und verschiedener Zugriffsmöglichkeiten. Stellen Sie sicher, dass die gleichen Mechanismen nicht nur für Dokumente sondern auch für den Quellcode gelten. Oftmals sind Archivierungssysteme für Quellcode eher rudimentär konfiguriert und bieten die gesamte Code-Basis als ein geschütztes File ohne strukturierte Zugriffsrechte an.

Bei der Softwareentwicklung werden externe Werkzeuge und zunehmend Code-Bibliotheken oder Open Source eingesetzt. Sie alle haben individuelle Lizenzformen, die eventuell in unterschiedlichen Ländern verschieden ausgeprägt sind. Sie müssen proaktiv **Rechteverletzungen** ausschließen, da diese immer zu Rechtsstreitigkeiten und damit zu Unsicherheiten bei Ihren Kunden und zu Projektverzögerungen führen. Softwarelizenzen (also für Entwicklungswerkzeuge, Code-Bibliotheken, etc.) müssen auch im Land des Outsourcing gelten. Häufig sind „floating licenses" an Kontinente gebunden. Dies kann zu zusätzlichen Kosten führen. Falls Softwarelizenzen personalisiert sind, sollten Sie ein Werkzeug für das **Lizenzmanagement** einsetzen (z. B. FlexLM). Ihre Werkzeuglieferanten werden Sie dabei beraten. Führen Sie klare und verbindliche Richtlinien für die Wiederverwendung von externem Code ein. Lassen Sie beim Einchecken des Code in ein Archivierungs- oder Konfigurationswerkzeug explizit die Urheberschaft – rechtlich bindend – versichern.

Die Kommunikation bei jeglicher verteilten Software-Entwicklung erfolgt zu einem hohen Grad über das Internet. Führen Sie den verlangten **Datenschutz** und die erforderliche **Datensicherheit** bereits in der Vorbereitungsphase des Outsourcing ein. Der Datenschutz muss demjenigen der EU entsprechen. Das ist beim Austausch von personenbezogenen Daten (z. B. Mitarbeiterlisten) ein Risiko, da viele Offshoring-Länder keine entsprechende Gesetzgebung haben. Stellen Sie sicher, dass Ihr Intranet nie für externe Personen offen ist (z. B. VPN gezielt für einzelne Applikationen, die der Outsourcing-Lieferant nutzen muss). Realisieren Sie aus Effizienzgründen wenn möglich die Zugriffsrechte rollenbasiert und nicht namensbasiert. Das erleichtert Änderungen beträchtlich. Schützen Sie Applikationen auch intern – also hinter dem Zugriff auf das Werkzeug über sichere Logon-Mechanismen (z. B. ClearCase VOBs splitten). Setzen Sie die Default-Zugriffsrechte als „Read für Mitarbeiter" und nicht als „Read für alle". Gewährleisten Sie Datensicherheit (z. B. mit sicheren Verschlüsselungsstandards bei Datenübertragung und -sicherung). Gefährlich sind übrigens die externen Mitarbeiter an Ihrem eigenen Standort, denn sie sind sehr viel schwieriger zu kontrollieren als wenn sie von außen auf ein geschütztes Netz zugreifen. Die meisten Sicherheitsprobleme kommen von eigenen Mitarbeitern, die die internen Richtlinien nicht befolgen.

Stellen Sie sicher, dass Patentfragen und andere vertrauliche Themen nicht per E-Mail oder über das öffentliche Telefonnetz kommuniziert werden. In verschiedenen Ländern werden beide Kanäle gezielt abgehört – auch und gerade im Westen.

Stellen Sie grundsätzlich eine **sichere und zuverlässige Infrastruktur** „end to end" zur Verfügung. Dazu gehört eine Grundausstattung von teamfähigen („kollaborativen") Entwicklungswerkzeugen, wie Rechner, Software, aber auch das zugehörige Lizenzmanagement. Soweit Testaufgaben ausgelagert werden, sollten Sie eine sichere, performante und hochgradig verfügbare Testinfrastruktur bieten. Dazu gehören Test-Hardware, Simulatoren und Testprogramme. Gerade beim Testen kommt es sehr auf die Performanz an. Prüfen Sie die entsprechenden Kennzahlen regelmäßig. Eine sonst performante Infrastruktur kann bereits durch einen falsch konfigurierten Server empfindlich geschwächt werden. Prüfen Sie das Netzwerk auf Sicherheit und Verlässlichkeit lokal beim Lieferanten sowie global zwischen den beteiligten Standorten (z. B. nutzbare Bandbreite). Auditieren Sie regelmäßig die Sicherheit Ihrer Infrastruktur (z. B. Authentifizierung, VPN Einsatz, IPSEC, Firewalls, Zugriffszonen, Virenschutz, Policies). Schauen Sie sich die typischen Arbeitsweisen für E-Mail, Messaging oder File-Austausch genau an. Oftmals setzen selbst arrivierte Outsourcing-Lieferanten offene E-Mail Systeme (z.B. Yahoo), Instant Messaging oder gar ungeschütztes FTP ein. Unterbinden Sie vertraglich derlei offene Tore, die jede sichere Infrastruktur unterminieren.

Achtung: **Balancieren Sie Sicherheitserfordernisse mit Geschwindigkeit und Verfügbarkeit**. Sie müssen alle drei Dimensionen gleichzeitig optimieren.

Seien Sie kompromisslos, wenn es um Sicherheit geht. Wer Ihre unternehmensweiten Richtlinien für sicheres Outsourcing nicht einhält, muss damit rechnen, disziplinarisch zur Verantwortung gezogen zu werden. Die Wettbewerbsfähigkeit und die Zukunft Ihres Unternehmens stehen auf dem Spiel.

Rollen und Verantwortungen

Klären Sie die Verantwortungen und Rollen im Outsourcing-Projekt frühzeitig und verbindlich. Dies ist vor allem dann relevant, wenn das Outsourcing kleinere, eingebettete Aufgaben oder verschiedene

Lieferanten umfasst. Das folgende Bild zeigt für den Outsourcing-Prozess, wie verschiedene Ebenen in Ihrem Unternehmen zum Erfolg beitragen können (und müssen). Wir trennen dabei ganz klar zwischen strategischen Aufgaben (eher an der Spitze der Pyramide angesiedelt) und operativen Aufgaben innerhalb des Projekts (an der Basis angesiedelt).

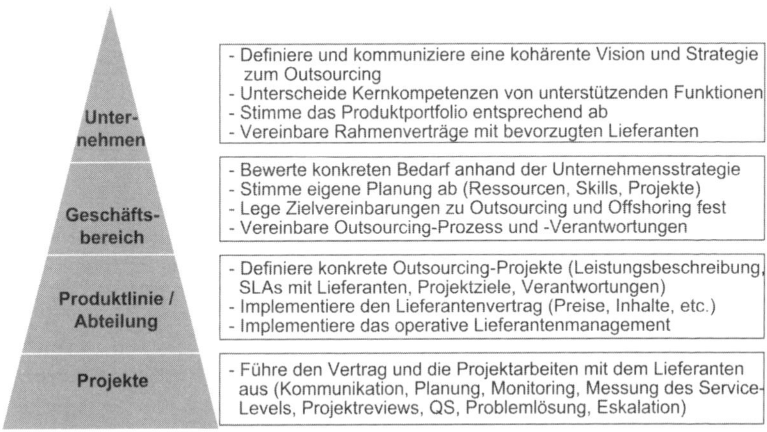

Beschreiben Sie die Rollenprofile und Fähigkeiten explizit, um Schnittstellen und Verantwortungen zu präzisieren. Unzureichende Rollenbeschreibungen können das Outsourcing-Projekt stark gefährden, da dann unangenehme Themen wie heiße Kartoffeln weitergereicht werden, anstatt dass die Mitarbeiter gemeinsam zu einer Lösung finden. Machen Sie klar, wer für welche Ergebnisse zuständig ist – auch auf der Seite des Lieferanten (mit dessen Einverständnis). Dies verhindert, dass sich in Ihrem Unternehmen plötzlich Mitarbeiter zu Häuptlingen berufen fühlen, was oftmals zu starken Spannungen mit der Mannschaft des Lieferanten führen kann.

Klären Sie vor allem, wer an den Schnittstellen operative Verantwortung hat, so dass Sie nicht durch ständige Änderungen überrascht werden, die in einem Kreis abgestimmt wurden, der dies eigentlich gar nicht machen dürfte. Sie merken, dass es hier um Techniken des Projektmanagements geht, die Sie sicherlich kennen und hoffentlich auch außerhalb des Outsourcing rigoros praktizieren.

Reviews von Lieferant und Kunde sollten regelmäßig und zu geplanten Terminen stattfinden. Wir unterscheiden drei verschiedene Formen des Reviews in Outsourcing-Projekten

- Regulärer Projektreview. Dient der Fortschrittskontrolle und der Schnittstellenüberwachung. Wird vom Outsourcing-Projektleiter oder -Manager typischerweise wöchentlich mit einer formalisierten Agenda einberufen
- Management-Review: Dient der Überprüfung der Vertragserfüllung und des SLA. Bespricht Änderungen im Vertrag und hilft dabei, eskalierte Probleme lösen. Wird von einem Lenkungsteam oder vom Outsourcing-Manager monatlich oder quartalsweise mit einer im Vorfeld bekannten Agenda einberufen.
- Lieferantenbewertung: Dient der Bewertung und Verbesserung von Lieferantenbeziehungen sowie dem Review von strategische Aspekten (z. B. Preisentwicklung, Globalvolumen der Aufträge, etc.). Wird auf Geschäftsführungsebene etwa halbjährlich einberufen.

Eine wirkungsvolle **Organisationsform** unterstützt das Outsourcing vor allem bei mehreren gleichzeitig laufenden Aufträgen oder Projekten. Grundsätzlich sollte man darauf achten, dass die Organisationsform mit den Bedürfnissen wachsen kann. Oft genügt ein Outsourcing-Manager, der dem Projektleiter auf Auftraggeberseite zuarbeitet und die Schnittstellen einrichtet, unterstützt und überwacht. Bei kleineren ausgelagerten Arbeiten innerhalb eines Projekts oder beim Outsourcing eines Teilprozesses werden sich direkte Schnittstellen zwischen den Entwicklungsteams auf beiden Seiten nicht vermeiden lassen. Wie bereits erwähnt, brauchen diese Schnittstellen eine gute und strikte Reglementierung („Governance"), um zu verhindern, dass spontane Absprachen getroffen werden, die nachher für beide Seiten zu Nacharbeit und Verzögerungen führen. Auf der Seite des Lieferanten wird sich über die Zeit ein Programmmanagement entwickeln, so dass für Ihr Unternehmen ein Programmmanager zuständig ist. Dieser Programmmanager arbeitet direkt mit Ihrem Outsourcing-Manager zusammen um Projekte und Kompetenzentwicklung mittel- bis langfristig vorbereiten zu können. Für individuelle Arbeiten wird der Lieferant typischerweise einen Projektmanager vorhalten, der die primäre Schnittstelle zwischen Ihnen und dem Lieferanten darstellt. Es gibt daher ein Ungleichgewicht auf Seiten des Lieferanten, der sehr viel mehr Managementfunktionen vorhalten muss, als dies bei

Ihnen der Fall ist. Dies trägt allerdings zur verbesserten Effizienz und Aufgabenteilung bei, so dass Sie nicht für jede Rolle sofort den Business Case verlangen sollten. Rechnen Sie stattdessen alle Kosten für Overhead zusammen und prüfen dann, ob die Summe im Rahmen der angenommenen oder typischen Eckdaten liegt (als Erinnerung: Sie sollten von 10-20 Prozent Overhead beim Lieferanten ausgehen)

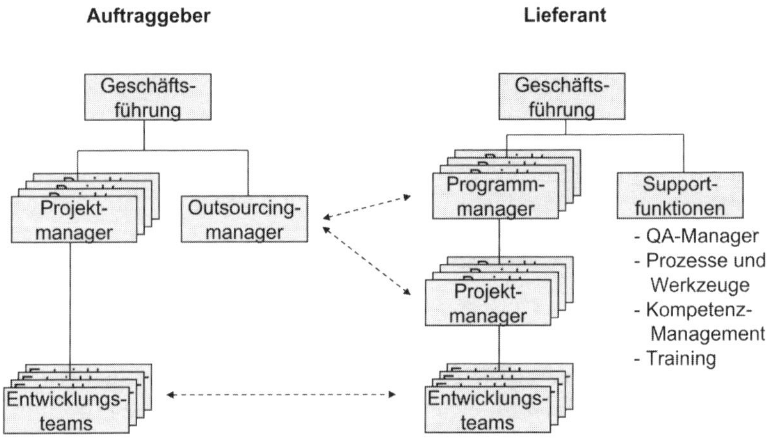

Der Outsourcing-Manager

There was an important job to be done and Everybody was asked to do it.
Everybody was sure Somebody would do it.
Anybody could have done it but Nobody did.
Somebody got angry about that because it was Everybody's job.
Everybody thought Anybody could do it but Nobody realized
that Everybody would not do it.
It ended up that Everybody blamed Somebody when actually
Nobody asked Anybody.
– Anonym

Mit zunehmendem Outsourcing besteht der Bedarf an professionellem und zuverlässigem Management des gesamten Outsourcing-Prozesses. Oftmals werden die Aufgaben allerdings aufgeteilt mit der Folge, dass es läuft wie in der obigen Geschichte mit Everybody, Somebody, Anybody und Nobody. Ein Manager schlägt beispielsweise aus Kostengründen vor, dass ein bestimmter Prozess oder ein Produkt ausgelagert werden soll. Danach beginnt der Einkauf damit, verschiedene Lieferanten zu identifizieren und zu evaluieren. Die Kriterien werden in der Regel aus anderen Beschaffungsprozessen übernommen und sind nicht speziell auf das Outsourcing hin ausgerichtet. Danach kommen Fachabteilungen ins Spiel, die jeweils einige Mitarbeiter vorschlagen, die sich dediziert um jeweils ihren Anteil am Outsourcing kümmern, Schließlich wird dem Projektmanager mitgeteilt, dass Teile seines Projekts im Ausland durch einen externen Lieferanten durchgeführt werden. So zieht sich die Fragmentierung durch den gesamten Entwicklungsprozess mit der Folge, dass Verantwortungen unklar sind und keine einheitliche Schnittstellen zum Lieferanten existieren. Das Resultat sind die berühmten 50 Prozent der Fälle, wo IT-Outsourcing-Aktivitäten ohne anhaltenden Erfolg abgebrochen werden, weil jeder dachte, dass sich schon jemand darum kümmern wird.

Erfolgreiches Outsourcing braucht dedizierte Verantwortungen und definierte Schnittstellen in der Form eines voll verantwortlichen Outsourcing-Managers. Dieser Outsourcing-Manager trägt die Verantwortung für das IT-Outsourcing von der Definitionsphase bis zur Projektüberwachung. Nach einer Studie von M. Corbett gehen zunehmend mehr Unternehmen dazu über, die Rolle des Outsourcing-Managers einzuführen. In einem Viertel der Fälle sind diese Outsourcing-Manager direkt in der Linie für das Outsourcing verantwortlich. In vierzig Prozent der Fälle berichten die Outsourcing-Manager an eine zentrale Funktion, unter der das Outsourcing aufgehängt ist (z.B. Einkauf, Programmmanagement, etc.)

Die **Rolle des Outsourcing-Managers** umfasst die folgenden Verantwortungen:

- Definition, Abstimmung und Einführung eines integrierten Outsourcing-Prozesses innerhalb des Unternehmens (Standards, Richtlinien, Governance, Änderungsmanagement, Training)
- Leitung eines kleinen Teams von Experten, die das Outsourcing-Projekt betreuen
- Opportunitätsbewertung (Strategie, Business Case, Risikobewertung, Planung, etc.)
- Auswahl des Lieferanten (gemeinsam mit anderen Funktionen, wie Einkauf, leitendes Management, etc.)
- Lieferanten-, Vertrags- und SLA-Management
- Risikomanagement
- Security-Management (Richtlinien, Aufbau und Pflege einer sicheren Kommunikationsinfrastruktur, Audits)
- Prozessübergreifende Qualitätssicherung (gemeinsam mit der QS-Funktion im eigenen Unternehmen)

In der Regel war der Outsourcing-Manager zuvor ein guter Projektleiter und hat Erfahrungen im Management von Lieferanten – innerhalb und außerhalb des eigenen Unternehmens. Der erfolgreiche Outsourcing-Manager hat die folgenden **Kompetenzen**:

- Sehr starke Kommunikationsfähigkeit (Fremdsprachen, Diplomatie, Einfühlungsvermögen, motivierend, extrovertiert, offen, schnelle Anbahnung von Kontakten, positive Gesprächsführung, verbindlich, Networking)
- Verhandlungsgeschick
- Vertrauen ausstrahlen und aufbauen können
- Team-Orientierung
- Prozessorientierung (d.h. stark im operativen Geschäft und in der Umsetzung von Prozessen)
- Zielorientierte Führung
- Änderungsmanagement
- Projektmanagement (Planung, Schätzung, Verfolgung)
- Technisches Controlling, Metriken, Monitoring
- Kostenrechnung und -kontrolle
- Softwareentwicklung (Basiswissen, Werkzeuge, Templates, etc.)

Tipps für erfolgreiches Outsourcing

Erfolgsrezepte für die Vorbereitung

Legen sie klare Ziele fest: Prüfen Sie sich und Ihr Unternehmen danach, was Sie mit dem Outsourcing erreichen wollen und können. Klären Sie, welche Tätigkeiten oder Subsysteme ausgelagert werden können. Restriktionen sind vielfältig und hängen auch davon ab, wie Sie Ihre Kernkompetenzen heute und in einigen Jahren sehen. Erarbeiten Sie einen Fahrplan mit Etappenzielen. Eine Vision wird dann erreicht, wenn man realistische und erreichbare Zwischenziele definiert und schrittweise erreicht. Stimmen Sie Strategie und Ziele intern so ab, dass alle Beteiligten dahinter stehen. Häufig scheitert Outsourcing, weil es aus dem eigenen Unternehmen heraus sabotiert oder erschwert wird. Mitarbeiter befürchten, durch das Outsourcing Arbeit und Einfluss zu verlieren. Das kann der Fall sein, sollte aber vor der weiten Kommunikation berücksichtigt werden, um entsprechende Absprachen zu treffen.

Analysieren Sie den Business Case: Eine saubere Kosten-Nutzen Analyse steht am Beginn des Outsourcing – noch bevor es breit kommuniziert wird. Berücksichtigen Sie alle Kosten, die durch das Outsourcing entstehen! Es geht nicht nur um Tagessätze im Ausland, sondern um die Schnittstellenkosten auf Ihrer Seite, um Reisekosten, um Nacharbeiten, um Training, um Bereitstellung von Infrastruktur und Lizenzen, etc. Die Formulierung eines Business Case lässt sich ebenfalls an externe Spezialisten auslagern – nicht aber dessen genaue Prüfung durch Sie. Nicht alle Prozesse lassen sich auslagern. Nicht alle Tätigkeiten haben den gleichen Kostenvorteil, wenn sie durch externe Lieferanten bearbeitet werden. Bewerten Sie verschiedene Szenarien mit unterschiedlicher Intensität und Einführungsdauer. Beachten Sie die teilweise langen Lernkurven, die von der genutzten Technologie und von Ihrer Fähigkeit, Technologie und Prozesse an Lieferanten zu vermitteln, abhängen.

Kommunizieren Sie, was Sie beabsichtigen: Mitarbeiter interessieren sich für die Zukunft des Unternehmens. Outsourcing sollte nicht zu einem Spielball werden in der Form „wenn die Produktivität nicht besser wird, werden wir diesen Bereich eben nach Indien verlagern." Das erzeugt zwar den gewünschten Druck, aber wird auch unerwünschte Gegenreaktionen hervorrufen. Beispielsweise könnten sich gute Mitarbeiter veranlasst sehen, das Unternehmen zu wechseln. Andere könnten versuchen, sich unentbehrlich zu machen, indem sie den Code schlechter wartbar halten. Lieferanten, Kunden und Geschäftspartner wollen eine klare Strategie sehen, die erkennen lässt, wie Sie das Outsourcing innerhalb des Unternehmens positionieren, was Sie tun, um den Geschäftserfolg zu sichern, etc. Vor allem Kunden wollen versichern, dass sich Qualität und Reaktionsfähigkeit auf Wünsche und Änderungen keinesfalls verschlechtern. Machen Sie Ihrer Geschäftsleitung klar, dass sie führen muss. Outsourcing ist ein strategisches Instrument, das nicht ad-hoc eingesetzt wird. Es gehört zum Managementinstrumentarium, mit dem sich die Geschäftsführung auskennen muss. Lassen Sie Ihre Geschäftsführung und das Management im Outsourcing trainieren und beraten.

Wählen Sie den richtigen Lieferanten: Der Lieferant muss zu Ihnen passen, und Sie müssen zum Lieferanten passen. Wir haben bereits einige Tipps und Checklisten dazu vorgestellt, die wir hier nicht wiederholen wollen. Kosten sind sicherlich nicht das einzige Auswahlkriterium, vor allem nicht die Tagessätze im fernen Ausland. Eine Lieferantenbeziehung ist auf Dauer angelegt. Sie kann allenfalls durch eine Pilotphase eingeleitet werden, in der Sie Ihre Outsourcing-Fähigkeit mit dem gewünschten Lieferanten prüfen. Testen Sie in einem solchen Pilotprojekt vor allem die Reaktion des Lieferanten auf Probleme und Spezialfälle. Achten Sie auf Nuancen im Verhalten, denn sicherlich wird sich der Lieferant in dieser Phase außergewöhnlich anstrengen.

Unterschreiben Sie den optimalen Vertrag: Schreiben Sie fest, was Sie erwarten. Das klingt banal, ist aber die Basis für den späteren Projekterfolg. Beschreiben Sie konkrete Qualitätsanforderungen, das Änderungsmanagement, Projektmanagement und -kontrolle, eventuelle Audits, Sicherheitsanforderungen, Schutz- und Eigentumsübertragungsrechte an eigener und neuer Software sowie Eskalationsmechanismen. Es gibt ganz unterschiedliche Vertragsverhältnisse, die vor allem durch Unsicherheiten und Risikomanagement der beiden Partner charakterisiert sind. Wenn Sie hinreichend genau wissen, was Sie wollen, bietet sich ein Festpreisvertrag an. Damit verlagern Sie verbleibende Risiken zum Lieferanten. Dies macht natürlich nur Sinn, wenn der Lieferant selbst gewillt ist, den Vertrag einzuhalten, wovon man bei kleineren Lieferanten nicht immer ausgehen sollte. Für anhaltende Partnerschaften bietet sich ein Rahmenvertrag an, der bestimmte Aktivitäten und deren Preise beschreibt. Damit sind die Kosten für Sie wie in jedem Projekt planbar. Achten Sie auf Skaleneffekte, beispielsweise durch längere Laufzeiten oder Volumenabhängigkeiten. Lassen Sie sich nicht durch Volumeneffekte blenden. Anfangs läuft es langsamer, als Sie wahrhaben wollen. Unterschreiben Sie anfangs keinen langfristigen Vertrag, denn Sie können die Situation und deren Entwicklung noch nicht beurteilen. Selbst wenn Sie mit dem Lieferanten eine längere Zeit zusammenarbeiten wollen, sollte der Vertrag hinreichend dynamisch sein, dass Sie aussteigen können, wenn das Outsourcing nicht liefert, was Ihre Planung versprach. Legen Sie vertraglich fest, wie das Lieferantenverhältnis beendet wird.

Standardisieren Sie Ihre Prozesse und Werkzeuge: Je spezieller und chaotischer Ihre Entwicklungsumgebung und -prozesse sind, desto schwieriger gestaltet sich das spätere Outsourcing-Projekt. Planen Sie ausreichend Vorbereitungszeit, um Ihre Prozesse zu verbessern, selbst wenn dies erst in der Ausführungsphase geschieht. Als Richtlinie sollten Sie nur Lieferanten nehmen, die einen CMMI-Reifegrad von 4 oder 5 haben. Sie selbst sollten einen CMMI-Reifegrad von 3 avisieren, um ein hinreichendes eigenes Prozessverständnis aufzubauen. Insbesondere das Projektmanagement (d. h. Planung, Schätzung, Reporting, Monitoring, Meilensteinkontrolle) und das Lieferantenmanagement müssen stabil stehen und allen Beteiligten vertraut sein. Setzen Sie Standardwerkzeuge von der Stange ein. Vermeiden Sie ein umfangreiches Anpassen der Werkzeuge. Häufig sind die im Werkzeug vorhandenen Basisprozesse bereits ausreichend. Wenn eine kommerzielle Werkzeuglösung nicht sofort passt, sollten Sie Ihre eigenen existierenden Prozesse überprüfen und dort Komplexität reduzieren. Lieferanten sind darauf eingestellt, unterschiedliche Werkzeugumgebungen auf der Kundenseite an ihre eigene Standardumgebung anzupassen; dies stellt bei professionellen Anbietern kaum ein Problem dar. Verlangen Sie von Ihren Werkzeug- und Infrastrukturlieferanten reduzierte Lizenzgebühren, wie sie in Indien oder China üblich sind. Dort zahlt niemand die Lizenzgebühren, die im Westen verlangt werden, da sie viel zu hoch im Vergleich zu den Stundensätzen der Ingenieure sind. Beispielsweise liefert Microsoft die wichtigen Desktop-Pakete nahezu gratis in solche Länder, nur um den zukünftigen Markt und die politische Unterstützung nicht zu verlieren. Die meisten Werkzeughersteller sind bereit, solche Abschläge einzupreisen (eventuell über neue Globallizenzen), selbst wenn dies nicht aus den offiziellen Preislisten ersichtlich ist.

Erfolgsrezepte für die Ausführung

Planen Sie Teilprojekte und Ergebnisse: Die Einführung von Outsourcing sollte nicht mit einem großen Schlag erfolgen. Outsourcing stellt in der Einführungsphase immer ein besonderes Projektrisiko dar, das auch spezifisch abgeschwächt werden muss. Zunächst sollte ein definiertes Projekt oder ein definierter Teilprozess ausgelagert werden. Damit kann man die Schnittstellen, Planungs- und Kontrollinstrumente sowie Managementerfahrungen aufbauen. Gleichzeitig kann man vergleichsweise leicht gegensteuern, falls es zu Schwierigkeiten kommt. Planen Sie in dieser Einführungsphase für das Schlimmste, damit Sie flexibel und schnell reagieren können, wenn Probleme auftreten. Gutes Projektmanagement ist im Outsourcing prinzipiell erforderlich. Selbst wenn Sie einen kompletten Geschäftsprozess ausgelagert haben, ist es dennoch nötig, dass sie wissen, wie es läuft und welche Erfordernisse auf Ihrer Seite auftreten können. Dies ist die Aufgabe von inkrementeller Entwicklung und SLA-Überwachung. Ist die Wartung ausgelagert, ist es naheliegend, dass Sie als Auftraggeber die Reaktionszeiten, die Kundenzufriedenheit Ihrer Kunden, die Fehlerzahlen und die Wartungskosten überwachen.

Verlangen Sie stets exzellente Ergebnisse: Von einem professionellen Outsourcing-Partner erhalten Sie in aller Regel, was Sie bezahlen. Diese Unternehmen haben einen Ruf zu verlieren und sind daher an der exakten Einhaltung der Vorgaben eines SLA interessiert. Das gilt allerdings nicht für alle Lieferanten und sicherlich dann nicht, wenn Sie selbst noch nicht hinreichend in der Lage sind, Outsourcing überhaupt zu stemmen. Wenn Sie beispielsweise Design, Kodierung und Verifikation auslagern und selbst spezifizieren und integrieren wollen, dann hängt der Erfolg ganz stark von der Qualität Ihrer Spezifikationen und Schnittstellen ab. Sollte es viele Änderungen von Ihrer Seite aus geben, müssen Sie sich klar machen, dass die Kosten stark ansteigen und die Qualität nicht so gut sein kann, wie wenn Sie die Spezifikation vor der Übergabe geprüft und stabilisiert hätten. Überprüfen Sie Ihre Annahmen, die Risiken, den Fortschritt und die Ergebnisse der ausgelagerten Prozesse regelmäßig. Sollte es Abweichungen von Ihren Erwartungen oder Absprachen geben, müssen Sie *sofort* reagieren. Dies gilt sowohl für Abweichungen vom SLA (z.B. wenn Reaktionszeiten oder Fehlerzahlen überschritten werden) aber auch für Abweichungen von Ihren Erwartungen und Absprachen, die nicht exakt und formal geregelt wurden (z.B. die Entwicklermannschaft ändert sich stark, das Design macht keinen professionellen Eindruck). Wenn Sie nicht reagieren, nimmt Ihr Lieferant an, dass es Ihnen egal ist. Rein rechtlich kann dies soweit gehen, dass Sie nach gewissen Fristen das Einspruchsrecht verlieren. Falls etwas nicht stimmt, sollten Sie darauf hinweisen und bei Wiederholung eskalieren. Nehmen Sie dafür die vorher abgesprochenen Kanäle und zögern Sie nicht, bei der Eskalation auch rechtzeitig zu höheren Managementebenen Ihres Lieferanten vorzudringen.

Machen Sie den Lieferanten zum Partner: Sobald für Sie das Outsourcing zum Regelfall wird, ist es für beide Seiten einfacher, wenn der Lieferant sich als Teil Ihres Ökosystems fühlen kann. Das heißt nicht, dass Verträge oder SLAs unnötig werden, sondern dass das Verhältnis und die Zusammenarbeit in Richtung einer anhaltenden Beziehung hin geändert werden. Sie als Kunde wollen nicht alle paar Monate einen neuen Lieferanten suchen, sondern sind an einer anhaltenden und vertrauensvollen Beziehung, also einer Partnerschaft, interessiert. Dies gilt reziprok für Ihren Lieferanten, so dass aus einer solchen Beziehung Nutzeneffekte für beide Seiten erwachsen. Beispielsweise kennen Ihr Lieferant und dessen Entwicklungsmannschaft nach einiger Zeit Ihre Besonderheiten, Ihre Schnittstellen und Ihre Arbeitsweise, so dass er sich darauf einstellen kann. Eine Partnerschaft zeigt dem Lieferanten auch, dass Sie bei nicht vorhersehbaren Schwierigkeiten nicht gleich abspringen, sondern an guten Lösungen interessiert sind. Er wird sich eher darum bemühen, wenn er weiß, dass Sie weiterhin mit ihm zusammenarbeiten.

Lassen Sie Ihre Outsourcing-Aktivitäten schrittweise wachsen: Das Outsourcing folgt wie wir sahen einer Evolutionskurve, die von kleinen Teilprojekten oder Einzelprozessen hin zu Wartungsaufgaben und schließlich der Komponenten- und Produktentwicklung hin wachsen. Überspringen Sie keinen Zwischenschritt, denn er hat für beide Seiten seine Bedeutung. Lernen Sie aus Fehlern, die in der Regel bei einem Anfangsschritt billiger sind, als bei der großformatigen Auslagerung eines Geschäftsprozesses. Wenn die Ergebnisse stimmen, kann das Outsourcing schrittweise wachsen. Sie haben gelernt und können das Geschäft und seine Potenziale für Sie besser abschätzen. Ihr Lieferant hat Sie kennen gelernt und kann die Zusammenarbeit optimieren und eventuell eine dedizierte Mannschaft für Ihr Unternehmen abstellen, die zwar flexibel wachsen oder schrumpfen kann, aber dennoch auf Sie und Ihr Unternehmen eingestellt ist.

Risiken und Fallstricke

Im Outsourcing der Softwareentwicklung gibt es eine ganze Menge Fallstricke. Wir wollen im folgenden nochmals die wichtigsten Risiken und deren Auswirkungen zusammenfassen und jeweils mit wenigen konkreten Maßnahmen kontrastieren, die Sie treffen können, um ein solches Risiko im Vorfeld zu mindern.

Auftraggeber hat keine klare Strategie

Ursachen: Outsourcing wird begonnen und schnell hochgefahren, weil es angeblich die Kosten reduziert. Einstiegspreise sind das primäre Auswahlkriterium. Leistungsvergleiche finden nicht statt.

Konsequenzen: Lock-in durch spätere Preiserhöhung und Knebelverträge. Unzureichende SLA führen zu schlechter Servicequalität. Keine wirkliche Partnerschaft wird erreicht. Outsourcing-Ziele werden nicht erreicht, weil sie nicht klar sind.

Risikominderung: Präzisieren Sie realistische Erwartungen vor Beginn von Vertragsverhandlungen. Stellen Sie einen Business Case und einen Gesamtplan über mehrere Jahre auf (Ausnahme: Sie sind wirklich nur an einem kurzfristigen und zeitlich begrenzten Bodyshopping interessiert). Planen Sie eine schrittweise Einführung und Umsetzung Ihrer Ziele. Prüfen Sie die Zielerreichung bei allen Zwischenschritten und Meilensteinen.

Unzureichende Verträge und SLA

Ursachen: Entscheidung wird zu schnell und ohne Kenntnis aller relevanten Faktoren getroffen. Keine Erfahrung und Beratung in der Vertragsphase. Lieferant ist nicht an einer wirklich andauernden Zusammenarbeit interessiert. Ziele und Qualitätsmaßstäbe sind unbekannt.

Konsequenzen: Unzufriedenheit mit dem Lieferanten. Schlechte Ergebnisse in Bezug auf Inhalt, Kosten, Zeit und Qualität. Vertrag wird in der Regel abgebrochen und hinterlässt Unzufriedenheit auf beiden Seiten.

Risikominderung: Prüfen Sie den Vertrag gegen Ihre Erwartungen. Halten Sie den Vertrag hinreichend flexibel, um auch dann Anpassungen vorzunehmen, wenn sich Ihre Anforderungen oder Einschränkungen ändern. Lassen Sie sich in der Vertragsphase von Personen beraten, die Erfahrung mit Verträgen und Lieferantenmanagement haben. Beachten Sie kulturelle und legale Besonderheiten Ihres Lieferanten oder dessen Heimatregion.

Mangelhafte Prozesse beim Auftraggeber

Ursachen: Outsourcing wird gestartet, bevor sich der Auftraggeber klar gemacht hat, was es an Anforderungen an seine eigenen Prozesse, Schnittstellen, Mitarbeiter und Management stellt.

Konsequenzen: Teams arbeiten ineffizient. Ständige Überraschungen an den Schnittstellen, beispielsweise Änderungen von Spezifikationen oder Projektplänen. Schlechte Liefertreue, niedrige Produktivität, unzureichende Qualität, Mehrkosten durch Nacharbeiten, Verzögerungen.

Risikominderung: Lagern Sie nur Prozesse aus, die Sie beherrschen. Prüfen Sie Ihr Prozessmanagement und Ihre Prozessreife vor dem Start des Outsourcing oder Offshoring. Manche Lieferanten bieten Audits des Auftraggebers an, um dessen Prozesse zu verbessern; falls nicht, lassen sich solche Dienstleistungen auch einkaufen. Verbessern Sie Ihre Entwicklungs- und Projektmanagementprozesse, beispielsweise mit dem CMMI.

Auftraggeber und Lieferant haben verschiedene Größenordnung

Ursachen: Outsourcing wird primär wegen der Kostenersparnis gestartet, ohne sich die mittelfristige Entwicklung klar zu machen. Lieferant wird ausgewählt, weil er einen bekannten Namen hat und aggressiv Marketing treibt (typischerweise zu großer Lieferant) oder weil er einen unschlagbar günstigen Preis in den Raum stellt (typischerweise zu kleiner Lieferant).

Konsequenzen: Wenn sich die Größenordnungen von Auftraggeber und Lieferant zu stark unterscheiden, ist das Verhältnis nicht auf lange Partnerschaft hin ausgerichtet. Ein zu großer Lieferant ist am kleineren Kunden nicht interessiert. Ein global agierender Outsourcing-Konzern ist kaum in der Lage, auf spezielle Bedürfnisse des Mittelstands einzugehen. Er wird kein Interesse haben, sich auf einen kleinen Kunden einzustellen, sondern versucht Standardlösungen anzubieten. Bei Schwierigkeiten ist es für einen solchen Lieferanten einfacher, sich zurückzuziehen, als auf eine anhaltende Partnerschaft zu bauen und jede Menge Extraarbeiten zu leisten. Ein zu kleiner Lieferant auf der anderen Seite wird abhängig und vertuscht Fehler. Er will den Vertrag unbedingt aufrecht erhalten, da es vielleicht die wichtigste Einnahmequelle aus dem Westen ist und wartet zu lange bis er auf Schwierigkeiten bei der Durchführung hinweist. Zu kleine Lieferanten haben auch das Risiko, dass sie plötzlich vom

Markt verschwinden. Dies ist besonders kritisch, wenn Sie eine besondere Aufgabe komplett ausgelagert haben und von heute auf morgen keinen Support mehr bekommen, oder aber Spezifikationen und Dokumente nicht geliefert werden. Zudem besteht das Risiko beim kleinen Lieferanten, dass er in Bereichen wie Urheberrechte, Patente, Eigentumsrechte oder auch Sicherheit unprofessionell arbeitet und damit noch sehr viel größere Folgeprobleme heraufbeschört als es Ihnen lieb sein kann.

Risikominderung: Wählen Sie einen Lieferanten, der zu Ihnen passt. Prüfen Sie die Kunden, die er momentan betreut. Berücksichtigen Sie Ihre eigenen Wachstumsziele. Stimmen Sie die Größe des Lieferanten auf die Kritikalität der Aufgabe ab. Wenn die Aufgabe temporär und mit kleinem Risiko behaftet ist, kann es sich lohnen, einen kleinen günstigen Lieferanten zu nehmen. Sind Sie an einem längeren Projekt interessiert, das keinerlei Verzögerungen bringen darf, müssen Sie wohl den teueren großen Lieferanten wählen, der Ihnen alle Sicherheiten bieten kann, die Sie benötigen.

Schlechtes Lieferantenmanagement

Ursachen: Vor allem Unternehmen, die bisher noch keine Erfahrungen mit Unterauftragnehmern hatten, werden sich beim Outsourcing schwer tun. Aber auch jene, die bereits Projekte mit externen Mitarbeitern hatten, müssen das Lieferantenmanagement kontinuierlich optimieren, um erfolgreich zu sein. Das beginnt bei der Auswahl eines Lieferanten mit Abstimmung von Vertrag und SLA und wird insbesondere in der Ausführung und Projektkontrolle kritisch. Oftmals versuchen Auftraggeber, Ihre bisherigen Prozesse einfach weiter zu verwenden und sind sich nicht darüber klar, dass ein Lieferant vielleicht bereits gute interne Prozesse hat, die für das Outsourcing besser geeignet sind. Oder aber Ihr Lieferant in spe bietet viel Flexibilität und schlägt vor, Ihre Prozesse zu übernehmen, um an Ihren Auftrag zu kommen, und stellt nachher fest, dass Ihre Prozesse doch unzureichend sind.

Konsequenzen: Informationen werden nicht sofort weiter geleitet. Es existieren sehr viele individuelle und heterogene Kommunikationskanäle zwischen Auftraggeber und Lieferant. Die Interessen des Lieferanten werden falsch verstanden. Man erreicht keine Win-win-Situation. Verzögerungen und Nacharbeit im Projekt sowie gegenseitige Schuldzuweisungen sind die Folge.

Risikominderung: Definieren Sie klare Verantwortungen auf Ihrer Seite, wer mit welchen Schnittstellen des Lieferanten kommuniziert oder sie überwacht. Benennen Sie einen voll verantwortlichen Outsourcing-Manager. Klären Sie, wie kommuniziert wird, also beispielsweise, welche Informationen in welcher Form vorliegen, welche Eskalationswege bestehen, wie die Verantwortungsbereiche abgegrenzt sind und wie Daten ausgetauscht werden. Halten Sie die gegenseitigen Erwartungen zu jedem Zeitpunkt klar und verbindlich (und hoffentlich an konkreten Aufgaben und einem SLA orientiert). Messen Sie konsequent und kontinuierlich gegen das abgesprochene SLA und die sonstigen vertraglichen Vereinbarungen (z.B. Mitarbeiterfluktuation, Standorte). Zögern Sie nicht, eine Situation zu eskalieren, die Sie nicht mehr als beherrschbar erachten. Machen Sie nicht den Fehler, sich hinhalten zu lassen in der Form „daran arbeiten wir" oder „wir haben noch alle Termine gehalten". Auditieren Sie kritische Prozesse, wenn Sie sich nicht sicher sind, dass die Ergebnisse am Ende alle Ihre Erwartungen halten. Gutes Lieferantenmanagement hat klare Zielvorgaben, Messvorschriften, kontinuierliche Fortschrittskontrolle, Kommunikationswege, Aufgabenteilung und Verantwortungen.

Zu viele verschiedene Lieferanten

Ursachen: Lieferanten werden ad-hoc und opportunistisch ausgewählt ohne eine übergeordnete Strategie zu verfolgen. Verschiedene Unternehmensbereiche haben Ihre Hoflieferanten. Lieferanten werden gegeneinander ausgespielt, um niedrige Preise zu erreichen. Lieferanten wählen sich Unterlieferanten aus, weil sie gar nicht in der Lage sind, selbst zu liefern. Lieferanten übernehmen nur einen Teil der Aufgabe, da Sie nicht das gesamte Risiko tragen wollen.

Konsequenzen: Komplexe Abhängigkeiten wachsen zwischen dem Auftraggeber und den verschiedenen Lieferanten. Probleme werden verschoben. Keine klaren Verantwortungen für eine bestimmte Aufgabe. Ständige Konflikte, wer welche Aufgabe bearbeitet. Verzögerungen im Projekt. Lieferanten fühlen sich gegeneinander ausgespielt und reduzieren ihr Interesse an einer längerfristigen Bindung. Lieferanten halten keine Puffer oder Kompetenzen vor, da Sie nur für eine Teilaufgabe zuständig sind. Ihre eigenen Kosten wachsen an, da Skaleneffekte nicht eingepreist werden können und der Lieferant selbst nicht langfristig planen kann (was die Kosten reduzieren würde). Es entwickelt sich keine Partnerschaft zwischen Auftraggeber und Lieferanten.

Risikominderung: Entwickeln Sie eine Strategie, mit welchen Lieferanten Sie zusammenarbeiten wollen, und welche Kompetenzen Sie von bestimmten Lieferanten über die Zeit erwarten. Gleichen Sie diese Strategie mit Ihrer eigenen Produkt- und Technologiestrategie ab. Entwickeln Sie mit dem Lieferanten (oder verschiedenen Lieferanten in der Auswahlperiode) eine Business Case für eine anhaltende Beziehung und prüfen Sie, ob Sie damit insgesamt besser fahren. Beachten Sie, dass auch auf Ihrer Seite der Personalbedarf und die nötigen Kompetenzen nicht immer klar sind, Sie also immer für ein gewisses Maß an Flexibilität auf Lieferantenseite bezahlen müssen. Am teuersten sind ganz kurzfristige Änderungen, die – auch im asiatischen Ausland – Kosten oberhalb jener haben, die wir in Deutschland gewohnt sind. Planbarkeit und Verlässlichkeit zeichnet eine solide Lieferantenbeziehung aus. Beachten Sie allerdings auch, dass ein einziger Lieferant dann kritisch wird, wenn er plötzlich die Geschäftsbeziehung abbricht oder nicht mehr in dem Maßstab liefern kann, wie Sie es erwarten. Natürlich lässt sich auch dieses Risiko im Vertrag regeln, treibt aber die Kosten hoch. Kritische Kompetenzen oder technische Bedürfnisse sollten immer durch zwei Lieferanten abgedeckt werden. Nur jene Aufgaben und Prozesse, die sich vergleichsweise leicht zu einem anderen Lieferanten transferieren lassen, sollten durch einen spezifischen Lieferanten zu – für Sie – optimalen Bedingungen geliefert werden.

Lieferant wird zu stark gegängelt

Ursachen: Der Auftraggeber ist mit dem eigenen Projektmanagement oder dem Lieferantenmanagement noch nicht erfahren und führt viele Kontrollpunkte und Reports ein, die ihm Sicherheit geben sollen. Der Auftraggeber hatte mit einem früheren Lieferanten schlechte Erfahrungen gemacht, die nun überkompensiert werden. Auf Auftraggeberseite sind Anforderungen und Inhalte hochgradig unklar, und daher werden Projektreviews mit dem Lieferanten dazu verwandt, Inhalte anzupassen. Der Auftraggeber möchte unbedingt seine Werkzeuglandschaft auch beim Lieferanten eingesetzt wissen.

Konsequenzen: Der Lieferant muss ein zusätzliches, kostspieliges Reporting- oder Werkzeugsystem aufbauen, das Sie im Endeffekt zahlen müssen. Der Lieferant geht davon aus, dass Sie die Verantwortung auch für Zwischenschritte tragen wollen und fährt sein Engagement entsprechend zurück. Durch einen zu starken Fokus auf eigene, bereits tradierte Prozesse und Werkzeuge bleiben keine Spielräume, um durch das Outsourcing wirkliche Kostenreduzierung zu erzielen. Bei fremden Werkzeugen fallen für den Lieferanten (und damit für Sie) zusätzliche Lizenzkosten und Aufwände für Einführung, Training und Nutzung an. Eine detaillierte Überwachung des Lieferanten bindet auch auf Ihrer Seite sehr viel Energie und führt zu einer Schattenorganisation.

Risikominderung: Im Lieferantenmanagement gilt (wie auch an vielen anderen Stellen) **so viel Prozess wie nötig, um die gewünschten Ergebnisse zu erreichen und so wenig wie möglich**. Lassen Sie sich von Ihrem Lieferanten beraten, wie er das Lieferantenmanagement selbst unterstützen kann. Lassen Sie sich erklären, welches Reporting und welche Werkzeuge er selbst einsetzt und wie diese zu Ihren Bedürfnissen und Ihrer Werkzeuglandschaft passen. Beispielsweise sind viele Lieferanten in der Lage, schnell Schnittstellen zu bauen, um eigene Daten und Ergebnisse in Ihre Werkzeuge zu laden und umgekehrt, ohne Ihre Werkzeuge selbst zu verwenden.

Und wohin geht die Reise?

The only limit to our realization of tomorrow will be our doubts of today.
– Franklin D. Roosevelt

Zusammenfassung

Offshoring und Outsourcing von IT-Projekten und Software-Entwicklung ist heute bereits der Normalfall für viele Unternehmen. Aus Wettbewerbsdruck werden noch mehr Unternehmen damit folgen. Selbst jene, die Software nicht komplett auslagern, werden sie global entwickeln, um Standortfaktoren zu optimieren.

Outsourcing ist ein Geschäftsprinzip, das sich selbst verstärkt. Viele Unternehmen beginnen Outsourcing wegen der niedrigeren Kosten. Die Kostenreduzierungen werden an den Markt weiter gegeben, was zu einem Wettbewerbsdruck für diejenigen führt, die es noch nicht machen. Beim Umsetzen werden weitere Vorteile greifbar, vor allem die wachsende Flexibilität (Arbeitszeiten, Mitarbeiter, Fähigkeiten). Daraufhin werden Geschäftsprozesse und Produkte ausgelagert, was den Innovationsdruck in der Heimatbasis steigert. Innovative Produkte und neue Dienstleistungen werden in diesem Zyklus die primären Wachstumsfaktoren. Dienstleistungen und Entwicklungsphasen werden anhand des Werts ausgelagert den sie generieren. All das führt zu mehr Druck, Software auszulagern und gleichzeitig innovativer zu werden.

Um mit der verteilten und ausgelagerten Softwareentwicklung erfolgreich zu sein, sollten die folgenden Kriterien beachtet werden:

- Ausgelagert wird das, was man gut kennt, was wenig Gewinn abwirft und was zunehmend standardisiert wird. Ziehen Sie immer eine Linie zwischen den Bereichen, die strategisch relevant sind und jenen, die auch andere Unternehmen leicht machen können. Standardisieren Sie Schnittstellen, damit Komponenten leichter ausgelagert werden können.
- Typischerweise werden jene Dienstleistungen ausgelagert, die wenig Spezialkenntnisse erfordern, und die nicht zum Kerngeschäft gehören. Beispiele sind: Kodierung, Verifikation, Test, Wartung, Pflege, etc. Behalten Sie die Kontrolle über Strategie, Architektur und Spezifikationen.

- Der Schutz von eigenen Rechten an der Software ist beim Auslagern kritisch. Beachten Sie bei der Auswahl von Ländern und Lieferanten, wie diese mit Urheberrechten und Eigentumsrechten umgehen. Verlassen Sie sich nicht allein auf einen Vertrag, sondern betrachten Sie, welche Ziele ein Land oder ein Lieferant haben und wie diese Ziele zu Ihren eigenen Zielen passen. Manche Länder sind nur pro forma in der WTO, um als weltweite Lieferanten auftreten zu können, bieten aber wenig Rechtssicherheit bei der Umsetzung grundlegender Schutzrechte. Geben Sie niemals solche Unterlagen an Lieferanten, von denen Ihre eigene Zukunft abhängt. **Vermeiden Sie, dass aus Ihren Lieferanten von heute die Wettbewerber von morgen werden!** Teilen Sie Ihre Architektur in Komponenten oder Module, die Sie getrennt und durch verschiedene Parteien entwickeln lassen können. **Systemwissen ist Ihr eigener Vorteil und sollte niemals zum Lieferanten übergehen**.
- Outsourcing ist nur dann wirtschaftlich sinnvoll, wenn man die Bereiche versteht, die man auslagert. Verbessern Sie zunächst Ihre Prozesse, bevor Sie das Outsourcing starten. Was zuhause noch funktioniert, weil Mitarbeiter notfalls nacharbeiten können, verursacht bei einem externen Dienstleister Probleme, für deren Lösung er sich bezahlen lässt.
- Ihre Infrastruktur muss eine verteilte Entwicklung unterstützen. Neben den üblichen Lösungen für Konfigurationsmanagement, Dokumentenverwaltung oder Workflow-Unterstützung, brauchen Sie vor allem sichere und zuverlässige Kommunikationsinfrastrukturen. Dazu gehören redundante, performante Netzverbindungen, verteilte Backup-Mechanismen, sowie sichere Verbindungen.
- Outsourcing braucht Zeit, Geduld und eine klare Linie. Erarbeiten Sie eine Outsourcing-Strategie für Ihr eigenes Unternehmen. Unterscheiden Sie bestimmte Phasen, wie die Lieferantenauswahl oder die Projektausführung, um sie individuell zu optimieren. Unterschätzen Sie nicht die Lernphase, die leicht 1-2 Jahre dauern kann.

Outsourcing und Offshoring der Softwareentwicklung können Ihre Wettbewerbsfähigkeit und Produktivität verbessern. Sie zeigen aber auch rigoros Ihre Fehler auf und verstärken sie. Die Fehler waren aber in aller Regel bereits vorher da!

Trends im Outsourcing

Outsourcing wird in praktisch allen Unternehmen ein operatives Management-Werkzeug wie heute HR oder Controlling. Im IT-Bereich bringt das Outsourcing einige Veränderungen, die bereits seit Jahren absehbar sind, nun aber beschleunigt werden. Operative IT-Dienstleistungen und Tätigkeiten der Softwareentwicklung werden flexibel ausgelagert (Nearshore, Offshore). Zunehmend werden komplette Prozesse oder Produkte ausgelagert, statt einzelner Tätigkeiten. Wettbewerb und Kostendruck beschleunigen Outsourcing. In dynamischen Industrien mit kurzen Produktzyklen und hoher Marktvolatilität (z.B. Telekom, Banken, Versorger) wird doppelt so viel ausgelagert, wie in eher statischen Branchen.

Flexibilität bleibt ein Hauptgrund für IT- und Software-Outsourcing. Beim Software-Outsourcing geht es zunehmend um die flexible Bereitstellung von Infrastruktur und Dienstleistungen. Die wachsende Angleichung von IT-Infrastruktur sowohl bei Plattformen wie auch bei den Anwendungen erlauben eine Auslagerung eher, als dies bei den früheren intern gepflegten Informationssystemen der Fall war. Das gleiche gilt für Programmiersprachen, wo Java und die entsprechenden Plattformen von praktisch jedem neu ausgebildeten Informatiker und Ingenieur beherrscht werden. Unternehmensweite Planungssysteme (ERP) und die Umgebungen für Geschäftsprozesse werden in den kommenden Jahren noch homogener. Sie integrieren zunehmend andere Anwendungen (CRM, SCM, Business-Warehousing). Damit werden Auswahl, Installation, Betrieb und Pflege so einfach, dass sie auch durch dafür spezialisierte externe Unternehmen übernommen werden können. Entscheidungsfaktoren sind Zuverlässigkeit und Kosten. Vor allem kleinere Unternehmen werden auch in Zukunft kaum Ressourcen zum „atmen" haben. Nötige Skills können nicht immer intern aufgebaut werden, wenn nicht klar ist, ob eine bestimmte Technologie überhaupt längerfristig gebraucht wird. Daher suchen gerade kleine Unternehmen nach Möglichkeiten, genau dann Softwaredienstleistungen zu beschaffen, wenn der konkrete Bedarf besteht. Das ist sicherlich nicht billig, aber aus der Sicht der Gesamtkosten immer noch attraktiver, als die Einstellung von Mitarbeitern.

Softwareentwicklung und IT müssen ihren Wert ständig neu definieren. Kein Unternehmen kann heutzutage Geld und Ressourcen in teure IT oder Softwareentwicklung stecken, ohne dafür einen

Return zu erhalten. IT und Softwareentwicklung müssen daher das gesamte Produkt- oder Dienstleistungsgeschäft profitabler machen. Jede Aktivität, jedes Produkt und jedes Projekt müssen die Profitabilität eines Unternehmens messbar erhöhen. Unabhängig, ob Sie Insourcing oder Outsourcing, lokale oder globale Entwicklung anstreben, der erste Schritt ist immer, eine Vision zu haben, die in eine Strategie umgesetzt wird, von der operative Ziele abgeleitet werden. Wenn Strategie und Ziele nicht zueinander passen, werden Sie scheitern.

Unternehmen kennen ihre Geschäftsprozesse und deren Kostenstruktur und Nutzenprofile. Sie fokussieren auf das Kerngeschäft. Im Extremfall verbleibt einzig die Strategieentwicklung im Unternehmen. Das kann dazu führen, dass ein Unternehmen nur noch eine Marketingstrategie und ein Produktkonzept entwickelt, während das Produkt selbst von Lieferanten entwickelt, produziert, vertrieben und gewartet wird. Hewlett Packard praktiziert dieses Vorgehen bereits seit geraumer Zeit sehr erfolgreich für einige seiner Drucker-Produktlinien.

Aus statischen IT- und Entwicklungs-Abteilungen werden temporäre und erfolgsabhängige Projekte und Dienstleistungen. IT-Kompetenzen werden mit konsolidierten Rechenzentren und zugehöriger Infrastruktur zentralisiert. IT-Mitarbeiter und Software-Entwickler müssen mit schnelleren Innovationszyklen rechnen. Anforderungen an Ausbildung und ständige Weiterbildung wachsen, um dem ständig wachsenden Innovationstempo gewachsen zu bleiben.

Outsourcing prägt die Informatikausbildung. Bestimmte Tätigkeiten innerhalb der Softwareentwicklung sind geradezu prädestiniert, konsolidiert und ausgelagert zu werden. Mit einer reduzierten Fertigungstiefe werden bestimmte Tätigkeiten unwirtschaftlich und damit obsolet. Soweit sie noch gebraucht werden, müssen sie zu den geringstmöglichen Lohnkosten produziert werden. Das gilt sicherlich für die Anwenderprogrammierung, die neuen Profilen Platz macht. Generell kann man festhalten, dass jene Aufgaben, die gerne auch als „Kerninformatik“ bezeichnet werden (z.B. Kodierung von Komponenten und Middleware, Werkzeuge, etc.) in Hochlohnländern eine immer kleinere Bedeutung haben und ausgelagert werden. Dagegen wird es für angewandte Informatik (z.B. Wirtschaftsinformatik) und anwendungsspezifische Integrationsaufgaben, die sich mit Systemtechnik, Produktentwicklung, Lösungsintegration oder Geschäftsprozessen befassen (z.B. Softwaretechnik eingebetteter Systeme), nach wie vor einen großen Bedarf vor Ort geben. Die Informatikausbildung wird sich hierfür anpassen und nicht nur stärker auf Projektmanagement und Outsourcing-Management fokussieren, sondern auch zunehmend den Informatiker klassischen Zuschnitts durch einen „Bindestrich-Informatiker" ablösen, der in einer Anwendungsdisziplin fit ist und gleichzeitig auch noch Softwareexperte ist. Dies ist auch für die Informatik nicht ganz neu, denn viele klassische Disziplinen, wie Compilerbau oder maschinennahe Programmierung sind ebenfalls aufgrund von fehlendem Bedarf von den Lehrplänen verschwunden. Bei den Ingenieurwissenschaften gab es diesen Trend schon lange (weswegen es ja auch bedeutend mehr Elektrotechniker oder Maschinenbauer gibt als Physiker), und die Informatik ist gerade in der Anpassungsphase dieser Entwicklung.

Prozesse werden standardisiert, flexibilisiert und automatisiert. Unternehmensweite Standards, Richtlinien, Lizenzen und Rahmenverträge werden das Lebenszyklusmanagement für Produkte und Dienstleistungen entscheidend definieren. Nur solch optimierte Prozesse können bewertet und optimal ausgelagert werden. Ein gutes Beispiel hierfür sind Dienstleistungen rund um die Dokumentation. Dabei geht es um die Entwicklung, die Zusammenfassung, die Lagerung (Knowledge Management), die Übersetzung, die Produktion und die Verteilung von Dokumenten. Bisher werden diese Tätigkeiten in den meisten Unternehmen fragmentiert ausgeführt und stehen unter unterschiedlicher Verantwortung. Die Dokumente werden von Fachabteilungen oder Entwicklungsbereichen erstellt, dann werden sie von professionellen, ausgelagerten Autoren und Editoren zusammengefasst, danach werden sie von dafür spezialisierten Übersetzungsbüros dezentral angepasst, zentral produziert und entlang existierender unternehmensinterner Vertriebskanäle verteilt. Der gesamte Geschäftsprozess beträgt ungefähr 2-10 Prozent der Produktkosten. Obwohl bereits fast alle Unternehmen Teile dieses Prozesses auslagern, geschieht dies fast nie systematisch. Outsourcing-Entscheidungen werden auf Abteilungsebene für einen Teilprozess getroffen, und häufig treten in größeren Unternehmen verschiedene Lieferanten gleichzeitig (und konkurrierend) in Aktion. Hier ist die Entwicklung offensichtlich, denn durch das konsistente Auslagern des gesamten Geschäftsprozesses an nur einen Anbieter kann ein Unternehmen die Dokumentationskosten halbieren. Ähnlich wird es bei anderen fragmentierten Prozessen geschehen.

Qualität wird zum globalen Wettbewerbsfaktor. Mit zunehmender Standardisierung von Prozessen können sie verbessert und automatisiert werden. Die Basis dafür ist das Capability Maturity Modell (CMMI). Bereits heute sind Reifegrade von 4 und 5 für indische Unternehmen unabdingbar, wollen sie im globalen Sourcingmarkt bestehen. Chinesische Unternehmen ziehen nach, denn auch sie haben gelernt, dass Produkte oder Dienstleistungen schnell in ein anderes Land transferiert werden, wenn erst einmal die Qualität nicht mehr stimmt. Insofern wird ein Preiskrieg nur temporär von Interesse sein, bis die Lieferanten sich etwas konsolidiert haben. Übertragen auf die Entwicklungsprozesse heißt dies für jeden Teilprozess Kundenorientierung und Fokus auf die erwartete Qualität.

Lieferantenmanagement und die Beschaffung von Komponenten, Dienstleistungen und Produkten werden zunehmend zum Kerngeschäft. Einkäufer bestimmen in Zukunft die Produktentwicklung mehr als reine Softwareentwickler. Beim Lieferantenmanagement geht es darum, anhaltende Beziehungen zu internen und externen Leistungserbringern zu entwickeln und zu pflegen. Unternehmen und Manager, die zu technisch orientiert sind, werden dabei verlieren, denn sehr viel wichtiger sind soziale Fähigkeiten und die Kunst, aus sich ständig ändernden Personen effektive Teams zu bilden. Wichtig ist es für IT- und Softwareabteilungen, diese Fähigkeiten aufzubauen, *bevor* mit dem Outsourcing begonnen wird. Wenn das Outsourcing entschieden ist und man noch nicht dazu ausgebildet hat, folgt in aller Regel eine sehr teure Lernkurve.

Mehr Anbieter aus unterschiedlichen Ländern treten auf. Hungrige Unternehmen und deren Mitarbeiter werden so lange versuchen, Weltmarktanteile an sich zu reißen, wie es Differenzen im Wohlstand und in der Motivation gibt. Wohlstand und Demotivation gehören oftmals zusammen und bedeuten das Ende vieler Gesellschaftsformen und Kulturen, wie bereits Paul Kennedy in seinem hervorragenden Buch „The Rise and Fall of the Great Powers" ausführte. Satte Hochkulturen, wie wir es beispielsweise momentan in Westeuropa erleben, sind nicht motiviert, Angriffe abzuwehren. Reformen benötigen zu lange, und engmaschige soziale Netze reduzieren den Anreiz, sich auf Neues einzustellen. Wenn dann die Eintrittsschwellen hinreichend niedrig sind, wie dies in der Softwaretechnik der Fall ist, kommt es unweigerlich zum erbarmungslosen Angriff von immer neuen Wettbewerbern. Mehr Wettbewerb macht aus Sicht des Outsourcing-Management die Auswahl schwieriger. Der Wettbewerb hat allerdings auch eine gute Seite aus Sicht des Einkäufers von Outsourcing-Dienstleistungen: Nach einer Periode steigender Preise für Outsourcing, tritt seit 2004 eine Stabilisierung ein, da der weiterhin zunehmende internationale Wettbewerb den Arbeitskräftemangel kompensiert. Die Preise stagnieren für einige Jahre und werden dann mit zunehmend angeglichenem Lebensstandard der global aktiven IT-Fachkräfte wieder ansteigen.

Ein neuer Markt wird für konkrete Dienstleistungen um das Software-Outsourcing herum entstehen. Während die großen Anbieter, wie Wipro oder Tata, sinnvollerweise nur von großen Unternehmen genutzt werden können, fehlen den vielen kleinen und mittleren Anbietern die Plattformen, um ihre Dienste vergleichbar anzubieten. Hier wird eine neue Spezies von Softwarehäusern entstehen, die vor Ort das Consulting rund um die Beschaffung und das Management von Outsourcing-Verträgen anbieten. Sie werden zu Brokern, die verschiedene Partner vertreten, wie es heute im Anlage- oder Versicherungsmarkt bereits der Fall ist. Verträge werden dann nicht mehr unbedingt mit einem indischen oder chinesischen Unternehmen geschlossen, sondern mit dem lokalen Partner vor Ort, der dann wiederum seine ausländischen Partner optimal einsetzt.

IT-Outsourcing und eine globale Softwareentwicklung, wie wir sie in diesem Buch betrachtet haben, ist irreversibel und wird über diese und die folgende Dekade noch wachsen. Sie basiert auf zwei sich verstärkenden Antrieben, nämlich einem gewaltigen Kostendruck auf der Produktseite und sehr niedrigen Eintrittsschwellen auf der Lieferantenseite. **Gewinner sind jene Unternehmen, welche die Kosten reduzieren oder die Eintrittsschwellen genügend hoch ansetzen können, um einen gewissen Vorsprung zu behalten**. Je nach Position eines Produkts im Innovationszyklus und Produktlebenslauf wird Outsourcing opportunistisch eingesetzt, um Kosten und Flexibilität zu optimieren. Unternehmen, die nicht mithalten können, werden rücksichtslos vom Markt verschwinden. Das Überleben der Softwareindustrie in Hochlohnländern hängt davon ab, ob wir als Unternehmen und als Mitarbeiter mit diesen Herausforderungen intelligent umgehen.

Glossar

Das Glossar basiert auf eigenen Definitionen und den gebräuchlichen internationalen Standards. Englische Bezeichnungen werden in Klammern aufgeführt, da sie oftmals gebräuchlicher sind, als die deutsche Bezeichnung (was ist ein SLA auf deutsch?). Wo möglich greift der Autor auf die relevanten Standards zurück und versucht, Übereinstimmung zwischen Standards und begriffliche Exaktheit zu verbinden. Verwendet wurden IEEE Std 610 (Standard Glossary of Software Engineering Terminology), ISO 15504 (Information Technology. Software Process Assessment. Vocabulary), ISO 15939 (Standard for Software Measurement Process), das SWEBOK (Software Engineering Body of Knowledge) und das PMBOK (Project Management Body of Knowledge). Obwohl die Definitionen für dieses Buch angepasst sind, lehnen sich einzelne Definitionen an Einträge in den genannten Standards an. Aufgrund der vielen Überlappungen und glücklicherweise wenigen Widersprüchen wurden die jeweiligen Standards nicht einzeln zitiert. Wo es dem Verständnis dient, verweisen Erklärungen rekursiv aufeinander. Solche Querverweise innerhalb des Verzeichnisses sind mit einem → Symbol markiert.

Deutsch (*Englisch*): Definition Deutsch

Abnahmetest (*Acceptance Test*): Testaktivitäten zur stichprobenbasierten Bestätigung, dass ein System (oder Produkt, Lösung) die richtige Qualität für den praktischen Einsatz hat. Häufig wird der Abnahmetest durch Kunden wahrgenommen.

Akzeptanzkriterien (*Acceptance Criteria*): Die Kriterien, die ein System oder eine Lösung erfüllen muss, um durch einen Benutzer, Kunde oder eine andere autorisierte Interessengruppe akzeptiert zu werden.

Änderungsanforderung (*Change Request*): Formalisierte → Anforderung, in einem Projekt eine Änderung durchzuführen. Typischerweise das Ergebnis einer Entscheidung im Verlauf eines Entwicklungsschritts, die sich auf andere Ergebnisse auswirkt.

Änderungskomitee (*Change Control Board*, CCB): Eine formal definierte Gruppe verschiedener Repräsentanten von Interessensphären im Projekt, die über alle Änderungen zu einer → Konfigurationsbasis in einem Projekt entscheiden.

Anforderung (*Requirement*): (A) Eigenschaft oder Bedingung, üblicherweise vom Kunden festgelegt, die zur Problemlösung oder Zielerreichung erforderlich ist.(B) Eigenschaft oder Bedingung, die ein System oder eine Systemkomponente erfüllen muss, um einen Vertrag Standard, eine Spezifikation oder andere formal festgelegte Dokumente zu erfüllen. (C) Eine dokumentierte Repräsentation einer Eigenschaft oder Bedingung wie in Teil (A) oder (B) beschrieben.

Anforderungsänderung (*Requirements Change*): Änderung einer bereits genehmigten Anforderung. Diese Änderungen werden durch das Änderungskomitee geprüft und in das Projekt aufgenommen oder abgelehnt. Falls die Anforderungsänderung akzeptiert wird, erfolgt eine Aktualisierung der relevanten Projektgrundlagen (z. B. Projektplan).

Arbeitsergebnis (*Work Product*): Ergebnis, das aus dem Abschluss eines Prozesses resultiert (z. B. Anforderungsspezifikation, Testfall).

Arbeitspaket (*Work Package*): Ein einzelner Schritt mit zugehörigem → Arbeitsergebnis der untersten (detailliertesten) Ebene einer Arbeitsgliederung. Ein Arbeitspaket kann in Aktivitäten untergliedert sein.

Aufgabenbeschreibung (*Customer Requirements Specification*): siehe → Lastenheft.

Aufwand (*Effort*): Die Arbeitseinheiten, die nötig sind, um eine Aktivität oder eine andere Projekteinheit abzuschließen. Wird typischerweise ausgedrückt in Personenstunden, -wochen oder -jahren. Darf nicht mit der Dauer verwechselt werden.

Aufwandschätzung (*Effort Estimation*): Abschätzung des Aufwands bzw. der Kosten eines zu realisierenden Software-Projekts zum Zeitpunkt der Spezifikation eines Software-Produkts.

Baseline: → Konfigurationsbasis.

Bodyshopping: Form des → Outsourcing, bei der externe Ressourcen ad-hoc und individuell in einem Projekt für spezielle definierte Arbeiten kurzfristig eingesetzt werden. Fördert die Flexibilität, ist aber wegen der Fragmentierung sehr ineffizient. In der Regel erfolgt Body-Shopping → Onshore durch spezielle Dienstleister („Berater") oder → Offshore durch Outsourcing-Unternehmen. In Europa in der Regel arbeitsrechtlich stark eingeschränkt.

Capability Maturity Model Integrated (CMMI): → CMMI.

CMMI: Das CMMI ist das Capability Maturity Model Integration. Es ist ein Konzept mit Modellen, Assessmentmethoden sowie einem Trainingsprogramm. Das CMMI wird seit Jahren weltweit erfolgreich zur Prozessbewertung und -verbesserung in der IT eingesetzt. Urheber des CMMI ist das Software Engineering Institute an der Carnegie Mellon University in den USA.

Delphi-Methode (*Delphi Method*): Verschiedene Experten schätzen oder prognostizieren und tauschen dann ihre Annahmen und Ergebnisse aus, um in einer zweiten Stufe die Schätzung nochmals zu verbessern. Wird häufig zur Aufwandschätzung eingesetzt.

Entwicklungsprojekt (*Development Project*): Etwas neues oder geändertes (Softwaretechnologie, geänderte Funktionen, etc.) wird als Produkt für einen Markt oder Kunden entwickelt.

Geschäftsfall (*Business Case*): Quantitative Betrachtung eines geplanten Geschäfts unter Berücksichtigung von damit zusammenhängenden Kosten und Nutzen. Wird auch für Bewertungen eines Projekts oder für Anforderungen an ein Projekt eingesetzt.

Geschäftsprozess (*Business Process*): Ein Geschäftsprozess ist eine Folge zusammengehöriger Aktivitäten, die gemeinsam einen Wert (Leistung/Produkt) erzeugen und deren Ergebnisse strategische Bedeutung für das Unternehmen haben.

Inspektion (*Inspection*): Prüfung. Bestimmung, in welchem Ausmaß Forderungen an eine Einheit erfüllt werden.

Integrationstest (Integration Test): Testaktivitäten zur schrittweisen Verlinkung und Zusammenfügung von Softwarekomponenten zu einem zusammenhängenden und funktionierenden System.

Interessenvertreter (*Stakeholder*): Interessenvertreter sind Personen, die Einfluss auf Projektentscheidungen haben. Sie können natürliche oder juristische Personen sein. Manchmal spielen sie auch nur eine Rolle, da der direkte Zugriff auf die entsprechende Person fehlt. Im Projekt vertreten sie die Geschäftsinteressen verschiedener Parteien. Beispielsweise vertritt ein Projektmanager Budget- oder Qualitätsziele. Ein Kundenvertreter vertritt die Geschäftsziele des Kunden.

ITIL: Die *IT Infrastructure Library*, kurz ITIL, ist ein Leitfaden sowie eine Liste von Vorgaben an Funktionen und Organisation der Prozesse, die im Rahmen des Betriebs einer IT-Infrastruktur eines Unternehmens nötig sind.

Konfigurationsbasis (*Baseline*): Formal abgenommene Version eines → Arbeitsergebnisses, unabhängig vom Medium, auf dem es geliefert wird. Wird zu bestimmten Zeitpunkten oder Ereignissen des Produkt- oder Komponentenlebenslaufs aktualisiert oder verworfen. Beispiele: (1) Grundlegende Charakteristika der Software-

Entwicklung (Kosten, Fehlerstatistiken, Personalaufwand u. ä. m.). (2) Eine → Spezifikation, → Lastenheft, oder anderes Software-Teilprodukt, das überprüft und genehmigt wurde, in der Regel unter → Konfigurationsmanagement steht und nur durch einen formalen Änderungsprozess verändert werden kann.

Konfigurationsmanagement (*Configuration Management*): Das Konfigurationsmanagement hat die Aufgabe, die Integrität der → Konfigurationsbasis sicherzustellen. Dazu werden Bibliotheken eingerichtet sowie Prozesse vereinbart und diszipliniert ausgeführt, die das Kontrollieren der Inhalte und deren Änderungen erlauben.

Kundenzufriedenheit (*Customer Satisfaction*): Meinung des Kunden über den Erfolg einer Transaktion mit dem Lieferanten (z. B. Erfüllungsgrad der Erwartungen oder Anforderungen des Kunden)

Lastenheft (*Requirements Specification*): → Spezifikation, die alle Anforderungen an das zu entwickelnde System in einem Dokument zusammenfasst. Das Lastenheft darf nicht die Lösung vorweg nehmen (→ Pflichtenheft) oder Aufgabe (was ist zu tun?) mit der Lösung (wie wird es gemacht?) vermischen.

Lebenszyklus (*Life Cycle*): Die Evolution eines Systems oder eines Produkts ab der Initiierung durch ein Benutzerbedürfnis oder einen Kundenvertrag über die Auslieferung an den Kunden bis zur Außerbetriebsnahme. Beinhaltet alle (Zwischen-) Ergebnisse, die im Laufe dieser Evolution entstehen. → Produkt-Lebenszyklus (PLC) und → Produkt-Lebenszyklusmanagement (PLCM).

Leistungsbeschreibung: *Statement of Work* (SOW). Vertragsrelevante Beschreibung von zu erbringenden Leistungen bei einem technischen oder betriebswirtschaftlichen Projekt. Häufig Teil der → Anforderungen und des → Lastenhefts.

Meilenstein (*Milestone*): Definierter und geplanter Bewertungspunkt innerhalb des → Lebenszyklus.

Nearshore-Outsourcing: Der Outsourcing-Dienstleister kommt aus einem Nachbarland. Hierbei spielen vor allem Zeitzonen, kulturelle Ähnlichkeiten und kurze Reisewege eine Rolle. Siehe auch Outsourcing, Offshoring.

Nichtfunktionale Anforderungen (*Nonfunctional Requirements*): Eigenschaften und Einschränkungen des Produkts. Bestandteil von Anforderungsanalyse, Architektur, Systemmodellen, Performance-Tests, System-Test, etc. Beispiele: Wartbarkeit, Sicherheit, Verlässlichkeit.

Offshore-Outsourcing: Große geografische Distanz zum Lieferanten (z. B. Indien). Siehe auch → Outsourcing, → Offshoring.

Offshoring: Die Ausführung einer betrieblichen Aktivität (über Marketing und Vertrieb hinaus) außerhalb des Stammlands des Unternehmens. Offshoring kann innerhalb des Unternehmens (z. B. Tochtergesellschaften in einem Niedriglohnland) oder außerhalb des Unternehmens (z. B. übertragene Aktivitäten / Geschäftsprozesse an dafür spezialisierte Unternehmen im Ausland) bestehen. Offshoring sollte daher nicht mit → Outsourcing verwechselt werden.

Onshore-Outsourcing: Der Dienstleister kommt aus dem gleichen Land wie der Kunde. Siehe auch → Outsourcing, → Offshoring.

Outsourcing: Eine anhaltende und ergebnisorientierte Beziehung mit einem Lieferanten, der Aktivitäten übernimmt, die traditionell innerhalb des Unternehmens ausgeführt wurden (deutsch: auslagern). Der Lieferant kann in der direkten Nachbarschaft des Unternehmens sitzen oder in einem weit entfernten Land (→ Offshoring).

Pflichtenheft (*Solution Specification*): Lösungsbeschreibung mit dem Ziel, alle → Anforderungen an das System (→ Lastenheft) abzudecken. Umfasst mindestens ein Systemmodell und eine Systemspezifikation als Antwort auf gegebene Anforderungen. In der Regel werden Lastenheft und Pflichtenheft in einem Dokument, der → Spezifikation versioniert und kontrolliert.

Produkt (*Product*): → Arbeitsergebnis, das aus Prozessen resultiert. Im Lebenszyklus oft im Sinne von dem Kunden übergebene Systeme bzw. Dienstleistungen verwendet.

Produktivität (*Productivity*): Verhältnis zwischen dem, was produziert oder entwickelt wird (Output), und den dafür beim Produktionsprozess eingesetzten Mitteln. Der Output hängt nicht nur von eingesetzten Ressourcen ab (z. B. Mitarbeiter, Kapital), sondern von einer Anzahl (teilweise unbekannter) Umgebungsfaktoren (z. B. Ausbildungsgrad, Motivation, Entwicklungsumgebung, etc.)

Projekt (*Project*): (1) Ein befristetes Bestreben, um etwas einzigartiges (Produkt, Lösung, Service, etc.) zu kreieren. Einzigartig bedeutet, dass man das exakt gleiche nicht einfach von der Stange kaufen kann. (2) Einmaliger Prozess, der aus einem Satz von abgestimmten und gelenkten Tätigkeiten mit Anfangs- und Endterminen besteht und durchgeführt wird, um ein Ziel zu erreichen, das spezifische Anforderungen erfüllt, wobei Zeit-, Kosten- und Ressourcenbeschränkungen vorgegeben sind.

Projekt-Controlling (*Project Controlling*): Analyse und Steuerung eines Projekts und seiner Aktivitäten auf der Basis von Kennzahlen zur Planung und Überwachung.

Projektmanagement (*Project Management*): Der zielgerichtete Einsatz von Menschen und die Anwendung von Wissen, Fähigkeiten, Werkzeugen und Methoden auf Projekt-Aktivitäten, um die Anforderungen an das Projekt zu erreichen.

Prozess (*Process*): (1) Abfolge zusammengehöriger Tätigkeiten, die der Erreichung eines Ziels dient (Beispiel: Prozess für → Reviews, um Fehler frühzeitig und diszipliniert zu finden). (2) Skalierbare Vorgehensweisen im Unternehmen

Prozessfähigkeit (*Process Capability*): Fähigkeit einer Organisation, Produkte gemäß vorher definierter Prozesse zu entwickeln und zu liefern.

Qualität (*Quality*): (1) Die Menge aller Eigenschaften eines Produkts oder einer Dienstleistung und deren Ausprägung, die der Erreichung von vorher festgelegten funktionalen und nichtfunktionalen Anforderungen dient. (2) Grad, in dem ein Produkt oder eine Dienstleistung vorher festgelegte Eigenschaften und deren Ausprägungen besitzt. (3) Vollständigkeit von erfüllten Erwartungen an Merkmale eines Produkts oder einer Dienstleistung.

Qualitätskontrolle (*Quality Control*): Teil des Qualitätsmanagements, das der Erfüllung von vorher definierten Qualitätszielen dient (z.B. Test, Inspektionen).

Qualitätsmanagement (*Quality Management*): Gesamtheit der geplanten systematischen Tätigkeiten zur Schaffung von Qualität und deren Kontrolle (→ Qualitätskontrolle, → Qualitätssicherung).

Qualitätssicherung (*Quality Assurance*): Teil des Qualitätsmanagements, das der Prüfung von vorher definierten Qualitätszielen oder der Einhaltung von definierten Prozessen dient (z.B. Audits).

Qualitätsziele (*Quality Goals*): Spezifische Ziele, die im Falle ihrer Erreichung bestätigen, dass die Qualität eines Produkts ausreichend ist.

Reifegradsmodell (*Maturity Model*): → CMMI.

Ressource (*Resource*): Einfluss- oder Verbrauchsgröße, die auf einen Prozess wirkt (z.B. Personal, Zeit, Budget, Infrastruktur).

Return On Investment (ROI): Kennzahl für die Rentabilität einer Unternehmung oder betrieblichen Einheit. Definiert als Verhältnis von Gewinn (aus einem Kapitaleinsatz) und dem Kapitaleinsatz selbst.

Richtlinie (*Guideline*): Praktisch nutzbare Erläuterung, wie eine Prozedur oder ein Werkzeugs in einer konkreten Situation eingesetzt wird.

Risiko (*Risk*): Eine mögliche zukünftige Entwicklung, die zu einem ungünstigen Ausgang führen kann. Wird bestimmt durch die Eintrittswahrscheinlichkeit einer Situation und deren negativer Auswirkungen.

Risikomanagement (*Risk Management*): Das systematische Identifizieren, Analysieren, Dokumentieren und Behandeln von Risiken. NICHT: Die Behandlung des resultierenden Problems wenn das Risiko sich materialisiert hat. Risikomanagement betrachtet die Auswirkungen heutiger Entscheidungen auf die Zukunft.

Service Level Agreement (SLA): Das SLA definiert die erwartete Qualität einer Dienstleistung und beschreibt, wie sie operativ gemessen wird (z.B. Kosten, Fehlerzahlen, Flexibilität bei Änderungen). Die Grenzwerte sind Vertragsbestandteil und dienen der anhaltenden Qualitätssicherung. Ein SLA hat drei Elemente: die Messvorschrift, eine Zielsetzung und eine Verrechnungsgrundlage, die Zielerreichung / Leistung und Preis in Beziehung setzt.

SLA: siehe → Service Level Agreement.

Spezifikation (*Specification*): Exakte Beschreibung eines Arbeitsergebnisses, das als Eingabe für einen weiteren Prozessschritt genommen werden kann. Im englischen werden in der „specification" häufig das Lastenheft (Aufgabe) und das Pflichtenheft (Lösung) zusammengefasst. Siehe → Lastenheft und → Pflichtenheft.

Standard: Standards sind Anweisungen, die Vereinbarungen zu Produkten, Prozessen, oder Vorgehensweisen beschreiben, die von auf nationaler oder internationaler Ebene anerkannten Berufs-, Industrie- oder Standesverbänden oder Handels- oder Regierungsorganisationen vereinbart wurden. Standards können auch „de facto" von Praktikern in der Industrie oder der Gesellschaft akzeptiert und ausgeführt sein.

Strategisches Outsourcing (*Strategic Sourcing*): Ein Geschäftsprozess wird anhaltend ausgelagert, um die eigenen Ressourcen auf Kernkompetenzen zu fokussieren. Dies kann in Entwicklungsprojekten eine Aufgabe (z.B. Wartung, Test) oder ein System sein. Strategisches Outsourcing soll die Wertschöpfung anhaltend ändern.

Taktisches Outsourcing (*Just-in-Time Sourcing*): Lieferanten werden fallweise für begrenzte Aktivitäten in Projekte eingebunden. Auf Projektbasis werden Lieferanten ausgewählt, die die Aufgabe am besten erledigen können. Taktisches Outsourcing dient der operativen Effizienzverbesserung. Es ähnelt dem Unterauftragsmanagement.

Vertrag (*Contract*): Eine rechtlich verbindliche gegenseitige Vereinbarung, die einen Lieferanten dazu verpflichtet, ein spezifiziertes Produkt oder eine Dienstleistung zu liefern, und den Auftraggeber dazu verpflichtet, es abzunehmen und dafür zu bezahlen. Im Software- und IT-Bereich in der Form des Kaufvertrags, Werkvertrags oder Dienstvertrags eingesetzt.

Wartung (*Maintenance*): Erhaltung oder Erweiterung der Betriebsbereitschaft und Leistungsfähigkeit eines Systems / Systemteils (z. B. Fehlerbeseitigung, Stabilisierung, Tuning, Anpassung an Änderungen in der Basis-Software oder den Schnittstellen, Anpassung an neue / geänderte systemtechnische Richtlinien und Standards).

Wartungsprojekt (*Maintenance Project*): Änderungen an einem existierenden Produkt, um Fehler zu korrigieren oder um neue oder geänderte Funktionen bereit zu stellen.

Weiterentwicklung (*Enhancement*): Erweiterung. Änderung / Erweiterung des fachlichen Funktionsumfangs eines Systems (oder einer seiner Komponenten), der Anwendungsform (Bedienungskomfort, Sicherheit, ...) und / oder Benutzerkreise.

Werkzeug (*Tool*): Werkzeuge bieten eine automatisierte Unterstützung bei der praktischen Arbeit mit Methoden, Konzepten und Notationen.

Wirtschaftlichkeitsrechnung: Siehe → Geschäftsfall.

Zertifizierung (*Certification*): Bestätigung mit einem formalisierten Verfahren, dass ein System oder eine Person spezifizierte Zielen oder Anforderungen erreicht oder einhält.

Weiterführende Informationen und Literatur

Outsourcing und Offshoring:

Corbett, M. F.: The Outsourcing Revolution : Why It Makes Sense and How to Do It Right. Dearborn Trade, 2004. Beschreibung: Das Standardwerk zum Thema Outsourcing. Obwohl es den gesamten Bereich Outsourcing abdeckt (also Geschäftsprozesse), bietet es eine balancierte Übersicht, was man zu erwarten hat (also mehr als nur die Kostendiskussion) und gute Tipps, um mit der Planung und dem Tagesgeschäft zurecht zu kommen.

Ebert, C. und Ph. DeNeve: Surviving Global Software Development, IEEE Software, Vol. 18, No. 2, pp. 62-69, Apr. 2001
IEEE Software (http://www.computer.org/portal/site/software/) als ausgewiesene Praktikerzeitschrift hat regelmäßige Veröffentlichungen zu Outsourcing, Offshoring und dem umfangreichen Thema der verteilten Softwareentwicklung. Dieser Artikel erschien bereits 2001, fasst aber die Herausforderungen des Themas global verteilter Softwareentwicklung gut zusammen und bietet konkrete Hilfestellungen zur Beherrschung einer weltweit verteilten Softwareentwicklung.

Lacity, M. C. und L. P. Willcocks: Global Information Technology Outsourcing: In Search of Business Advantage. Wiley, 2000. Beschreibung: IT Outsourcing in einem Guss. Hier werden alle Anwendungsfälle von IT Outsourcing in einer klaren Sprache beschrieben. Verhandlungen, Auswahl, Risikomanagement, etc. sind praktisch ausgeführt. Nur die Produktentwicklung kommt etwas kurz. Zwei Fallstudien aus UK und Südafrika runden das Buch ab.

Roux, D. und J. R. Wentworth: Laborgistics: A New Strategy For Management. Economica, 2004. Beschreibung: Outsourcing/Offshoring ganz anders, als es die Medien (und Stammtische) sehen. Die Autoren beschreiben die Zukunft des Outsourcing als vielfältige und sich ständig erneuernde Kombinationen von Menschen und Technik („Laborgistics"). Ausgehend von Partnerschaften und Allianzen werden völlig neue Formen der Zusammenarbeit und von professionellen Leistungsbeziehungen skizziert.

Thondavadi, N. und G. Albert: Offshore Outsourcing: Path To New Efficiencies In IT And Business Processes. Authorhouse, 2004. Beschreibung: Ein Buch, das primär den Business Case im Auge hat.

Verschiedene Formen von IT Offshoring (vor allem nach Indien, von wo die Autoren ihren Hintergrund haben) werden beschrieben, so auch die Software-Entwicklung. Insbesondere die Einleitung von einem GE Manager in Indien zeigt auf, welche Nutzeffekte man mit Offshoring erreichen kann.

Tiwana, A.: Beyond the Black Box: Knowledge Overlaps in Software Outsourcing. IEEE Software, Vol. 21, No. 5, pp. 51-58 September/October 2004.
Beschreibung: Sehr praxisnaher Artikel zur Bewertung von unterschiedlichen Outsourcing-Szenarios. Die Ergebnisse basieren auf Umfragen unter IT-Projektmanagern. Wir verwenden diesen Artikel innerhalb einer Checkliste im Kapitel mit den Entscheidungsgrundlagen und reicherten ihn mit weitergehenden Erfahrungen an.

URLs mit Outsourcing-Tipps sowie aktuellen Kennzahlen und Daten:

Globale Datensammlungen:
Das Faktenbuch des CIA mit praktischen Daten zu jedem Land:
http://www.cia.gov/cia/publications/factbook/geos/xx.html
World Trade Organization (WTO); publiziert den jährlichen World Trade Report, der viele Details zu Outsourcing enthält:
http://www.wto.org/english/docs_e/docs_e.htm
Industrie- und Handleskammern (IHK) deutsche Startseite:
http://www.ihk.de

IT-Outsourcing Ressourcen und Studien:
URL-Sammlung zu allen Themen und Regionen des IT-Outsourcing:
http://www.iturls.com/English/SoftwareExport/SEp_d.asp
Deutsche Bank Research mit vielen aktuellen Studien:
http://www.dbresearch.de

Generelle Informationen zum Outsourcing, die allerdings über das IT- und Software-Outsourcing hinausgehen:
Artikel: http://www.outsourcing-journal.com/
The Outsourcing Times: http://www.blogsource.org/
Neuigkeiten: http://www.outsourcing-news.com
Literaturhinweise: http://www.outsourcing-books.com/
Offshore-Outsourcing News:
http://www.offshore-outsourcing.com/
Outsourcing Ereignisse: http://www.outsourcing-events.com

Indien:
Übersicht: http://www.indiamap.com/

India's National Association of Software and Service Companies (NASSCOM): http://www.nasscom.org/
Übersicht von Anbietern in Indien:
http://www.nasscom.org/artdisplay.asp?cat_id=305

China:
Ministerium für Wissenschaft und Technologie in China (Exportförderung, fördert Niederlassungen von ausländischen Firmen zum Zweck des Technologietransfers, etc.):
http://www.most.gov.cn/English/index.html
China Software Industry Organization (repräsentiert Chinas Softwarewirtschaft; viele Links zu lokalen Richtlinien und Gesetzen):
http://www.csia.org.cn/chinese_en/index/index.htm

Osteuropa, Russland:
Consulting om Osteuropageschäft:
http://dashconsult.com/deutsch/
Anbieter (Beispiele): http://www.global-brain-network.com/offshore/, www.pgs-soft.com
Hinweise für Outsourcing nach Russland:
http://www.outsourcing-russia.com/

Projektmanagement und Co.:

Ebert, C. et al: Best Practices in Software Measurement. Springer, 2004. Beschreibung: Eine gut verständliche Einführung in das Thema Softwaremessung und -bewertung. Das Buch enthält viele nützliche Praxistipps und Beispiele, die es erleichtern, Inhalte schnell in die eigene Umgebung zu transferieren. Die vier Autoren tragen mit ihrem sehr unterschiedlichen beruflichen Hintergrund zur Praxisrelevanz bei.

Ebert, C.: Systematisches Requirements Management. Dpunkt.verlag, 2005. Beschreibung: Anforderungen zu kennen und sie richtig zu managen bestimmen den Erfolg von Outsourcing-Projekten. Dieses Grundlagenbuch fasst die Techniken des Requirements Management zusammen und enthält viele Praxisbeispiele. Es enthält ein Werkzeugkapitel, in dem die vier relevanten Werkzeughersteller Ihre Werkzeuge an verschiedenen Szenarios vorstellen.

Royce, W.: Software Project Management. Addison Wesley, 1998. Beschreibung: Gute Zusammenfassung der aktuellen Projektmanagementtechniken für Software-Projekte. Das Buch bietet eine gute Fundgrube praktischer Daten aus ganz unterschiedlichen Projekten. Im Anhang wird ein konkretes Projekt bei TRW beschrieben und einige der Daten analysiert. Sowohl Risiko-Management als auch Metriken spielen die Schlüsselrolle.

Rechtliche Aspekte:

Bartsch, M.: Das neue Schuldrecht – Auswirkungen auf das EDV-Vertragsrecht. Computer und Recht, Nr. 10/2001, S. 649 ff. http://www.bartsch-partner.de/personen/mb/texte/schuldrechtsreform.de.html. Zitiert am 07.07. 2005.

Schröder, G.F.: IT-Verträge von A-Z. Interest, 2004.

Zahrnt, C.: Vertragsrecht für IT-Fachleute. Hüthig, 2002.

Seminare zum Thema Outsourcing und Offshoring der Software-Entwicklung und verwandten Gebieten des Projekt- und Portfoliomanagement bietet die Deutsche Informatik-Akademie (DIA), eine Tochter der Gesellschaft für Informatik, an. Informationen finden Sie unter: http://www.dia-bonn.de/

Index